目　　　次

1 電気回路の要素

1.1 電気回路の電流・電圧・抵抗

||||||||||||| **例題** 1 ||||||||||||||||||||||||||||||||||||||||||||||||||||||||||||||

図**1.1**の各回路に示された電流 I，電圧 V，抵抗 R を求めなさい。

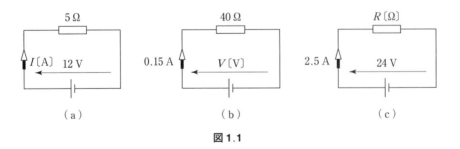

図**1.1**

解 答

（a）$I = \dfrac{V}{R} = \dfrac{12}{5} = 2.4\text{ A}$ （b）$V = RI = 40 \times 0.15 = 6\text{ V}$ （c）$R = \dfrac{V}{I} = \dfrac{24}{2.5} = 9.6\text{ Ω}$

||||||||||| **例題** 2 ||||||||||||||||||||||||||||||||||||||||||||||||||||||||||||||||

表1.1の単位の接頭語について，（　　　）を埋めて表を完成させなさい。

表1.1

倍　率	単位記号	読み方
10^6	MΩ	（　　）①
10^3	（　　）②	キロオーム
10^{-3}	（　　）③	ミリボルト
10^{-6}	μA	（　　）④

解答 ①　メガオーム　　②　kΩ　　③　mV
④　マイクロアンペア

◇◇◇◇◇ ステップ 1 ◇◇◇◇◇

□ **1**　つぎの文の（　　　）に適切な語句や記号を入れなさい。

（1）　乾電池のように，電気エネルギーを供給するものを（　　　）①という。また，電球のように電気エネルギーを光や熱などの他のエネルギーに変換するものを（　　　）②という。

（2）　電気にはつぎのような2種類がある。乾電池から得られる電流は，時間の経過に対して大きさと向きが一定である。このような電流を（　　　）①という。また，家庭で利用しているコンセントから得られる電流は時間の経過に対して，大きさと向きが周期的に変化する。このような電流を（　　　）②という。

（3）　原子は原子核と（　　　）①で構成されるが，その（　　　）①の一部は原子核から離れて自由に動き回る（　　　　）②があり，電流の流れのもとになっている。

（4）　電流が流れやすい物質を（　　　）①といい，電流をほとんど流さない物質を（　　　　）②という。また，電流の流れやすさが導体と絶縁体の中間の性質を示すものを（　　　　）③という。

（5）　電流の大きさは，物質の断面を1秒間に通過する（　　　）①で表される。量記号に（　　　）②，単位に（　　　　）③，単位記号に（　　　）④を用いる。また，電荷は量記号にQ，単位に（　　　　）⑤，単位記号に（　　　）⑥を用いる。

ヒント！
電流の大きさ
$$I = \frac{Q}{t} \ [\mathrm{A}]$$

（6）　電流は（　　　　）①の高いほうから低いほうへ流れる。この

電位の差を(　　　　　)②または電圧という。量記号に(　　　　)③,単位に(　　　　)④,単位記号に(　　　)⑤を用いる。また,乾電池などは電流を流し続けることができる。このような働きを(　　　　　)⑥といい,単位は電圧と同じボルト〔V〕を用いる。

(7)　電流の流れを妨げる働きをするものを(　　　)①といい,量記号に(　　　)②,単位に(　　　　)③,単位記号に(　　　)④を用いる。

(8)　電気回路の計算に用いられる「オームの法則」は,つぎのように表される。「抵抗に流れる電流は,電圧に(　　　)①し,抵抗に(　　　　)②する。」

電流　$I=\dfrac{(\quad)③}{(\quad)④}$　　　電圧　$V=(\quad)⑥\times(\quad)⑦$　　　抵抗　$R=\dfrac{(\quad)⑨}{(\quad)⑩}$

単位〔　　　〕⑤　　　　　　　　　　単位〔　　　〕⑧　　　　　　　　単位〔　　　〕⑪

◆◆◆◆◆ ステップ 2 ◆◆◆◆◆

□❶　$100\,\Omega$ の抵抗に $20\,V$ の電圧を加えたとき,流れる電流 I〔A〕を求めなさい。

答 $I=$ _____

□❷　$50\,\Omega$ の抵抗に $0.8\,A$ の電流が流れている。この抵抗の両端の電圧 V〔V〕を求めなさい。

答 $V=$ _____

□❸　ある抵抗に $24\,V$ の電圧を加えたところ $0.48\,A$ の電流が流れた。この抵抗 R〔Ω〕を求めなさい。

答 $R=$ _____

□❹　つぎの各値を指定された単位で表しなさい。

①　$250\,mA$　=(　　　　)A　　　　②　$0.08\,A$ =(　　　　)mA

③　$300\,V$ =(　　　　)kV　　　　④　$500\,mV$ =(　　　　)V

⑤　$5\,k\Omega$ =(　　　　)Ω　　　　⑥　$2\,M\Omega$ =(　　　　　)Ω

⑦　$100\,\mu A$ =(　　　　)mA　　　⑧　$0.0005\,A$ =(　　　　)μA

⑨　$0.7\,M\Omega$ =(　　　　)kΩ　　⑩　$1\,000\,\Omega$ =(　　　　)MΩ

⑪　$3\,mA$ =(　　　　)A =　$3\times10^{(\quad)}$ A

⑫　$2\,\mu\text{A} = ($　　　　　　　$) \text{A} = 2 \times 10^{(\quad)} \text{A}$

⑬　$1\,\text{V} = ($　　　$) \text{mV} = 1 \times 10^{(\quad)} \text{mV}$

⑭　$0.5\,\text{k}\Omega = ($　　　$) \Omega = 5 \times 10^{(\quad)} \Omega$

⑮　$15\,\text{M}\Omega = ($　　　　　$) \Omega = 1.5 \times 10^{(\quad)} \Omega$

□ **5**　$600\,\Omega$ の抵抗に $3\,\text{V}$ の電圧を加えたとき，流れる電流 $I\,[\text{mA}]$ を求めなさい。

答　$I =$ _____

□ **6**　$0.2\,\text{M}\Omega$ の抵抗に $0.5\,\text{mA}$ の電流が流れている。この抵抗の両端の電圧 $V\,[\text{V}]$ を求めなさい。

答　$V =$ _____

□ **7**　ある抵抗に $10\,\text{V}$ の電圧を加えたところ $500\,\mu\text{A}$ の電流が流れた。この抵抗 $R\,[\text{k}\Omega]$ を求めなさい。

答　$R =$ _____

◇◇◇◇◇ ステップ 3 ◇◇◇◇◇

□ **1**　図 **1.2** のような電気回路（実体配線図）から，電気用図記号を用いて電気回路図をかきなさい。

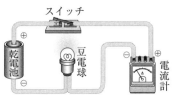

スイッチ

乾電池

豆電球

電流計

図 **1.2**

□ **2**　ある電線の中を 0.5 秒間に $60\,\text{mC}$ の電荷が移動したとき，電流 $I\,[\text{A}]$ を求めなさい。

答　$I =$ _____

□ **3**   図 **1.3** のグラフから抵抗 R_1, R_2, R_3 〔Ω〕を求めなさい。

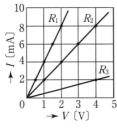

図 1.3

〔答〕 $R_1 =$ ＿＿＿＿＿＿ , $R_2 =$ ＿＿＿＿＿＿ , $R_3 =$ ＿＿＿＿＿＿

□ **4**   図 **1.4** において，抵抗 R における電圧降下が 5 V であった。このときの電流 I〔mA〕を求めなさい。

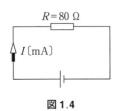

図 1.4

〔答〕 $I =$ ＿＿＿＿＿＿

□ **5**   図 **1.5** で，端子 a〜d の電位 V_a, V_b, V_c, V_d〔V〕，および a-c 間，b-d 間の電位差 V_{ac}, V_{bd}〔V〕を求めなさい。

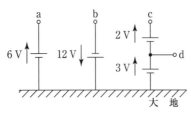

図 1.5

〔答〕 $V_a =$ ＿＿＿＿＿ , $V_b =$ ＿＿＿＿＿ , $V_c =$ ＿＿＿＿＿ , $V_d =$ ＿＿＿＿＿

$V_{ac} =$ ＿＿＿＿＿ , $V_{bd} =$ ＿＿＿＿＿

1.2　抵 抗 の 性 質

トレーニングのポイント

① **抵抗の大きさ**　導体の抵抗の大きさは，長さに比例し，断面積に反比例する。

$$R = \rho \frac{l}{A} \ \text{〔Ω〕} \quad (l：長さ〔m〕, \ A：断面積〔m^2〕)$$

・抵抗率 ρ：導体の材質により決まる定数で，長さ 1 m，断面積 1 m^2 の導体の抵抗で表す。単位には，オームメートル〔Ω·m〕を用いる。

② **抵抗温度係数 α〔℃$^{-1}$〕**　抵抗の大きさは，温度によっても変化する。この抵抗の変化する割合のこと。

t_1〔℃〕のときの抵抗を R_{t1}〔Ω〕，抵抗温度係数を α_{t1}〔℃$^{-1}$〕とするとき，t_2〔℃〕のときの抵抗 R_{t2}〔Ω〕はつぎの式で表される。

$$R_{t2} = R_{t1}\{1 + \alpha_{t1}(t_2 - t_1)\} \ \text{〔Ω〕}$$

③ **抵抗器の表示記号**（**図 1.6**）

固定抵抗器の抵抗値は，色の帯により表示されることが多い。（カラーコード）

図 1.6

例題　1

半径 2 mm，長さ 300 m の銅線の抵抗 R〔Ω〕を求めなさい。ただし，銅線の抵抗率は，1.72×10^{-8} Ω·m とする。

解答

電線の断面積 A は $A = \pi r^2 = 3.14 \times 2^2 = 12.56 \ \text{mm}^2$

これを〔m^2〕に換算すると，1 mm^2 = 10^{-6} m^2 であるから

$$A = 12.6 \times 10^{-6} \ \text{m}^2$$

したがって，求める抵抗 R は

$$R = \rho \frac{l}{A}$$

$$= 1.72 \times 10^{-8} \times \frac{300}{12.6 \times 10^{-6}} \fallingdotseq 0.4 \ \text{Ω}$$

|||||||||||||| **例題** 2 ||||||||||||||||||||||||||||||||||||||||||||||||||||||||||||||||||||||||||||||||||||||||||

20℃において，抵抗が10Ωの銅線がある。この銅線を100℃まで上昇させたときの抵抗値を求めなさい。ただし，20℃における銅線の抵抗温度係数は 4.3×10^{-3} ℃$^{-1}$ とする。

解答

100℃における銅線の抵抗 R_{100} は

$$R_{t2} = R_{t1}\{1 + \alpha_{t1}(t_2 - t_1)\}$$

$$R_{100} = 10\{1 + 4.3 \times 10^{-3} \times (100 - 20)\} = 13.44\ \Omega$$

◆◆◆◆◆ ステップ 1 ◆◆◆◆◆

□ **1** つぎの文の（   ）に適切な語句や記号，数値を入れなさい。

（1）　導体の抵抗は材質が同じであっても（   ）①や太さなど形状によって異なる。抵抗の大きさは，同じ材質であればその長さに（   ）②し，断面積に（   ）③する。

> **ヒント**！
> 抵抗率：ρ（ロー）
> 〔Ω·m〕
> （オームメートル）

（2）　長さ1 m，断面積1 m^2 の導体の抵抗を（   ）①といい，量記号に（   ）②，単位に（   ）③，単位記号に（   ）④を用いる。

> **ヒント**！
> 円の面積：A〔m^2〕
> $A = \pi r^2$
> r：半径
> $A = \dfrac{\pi d^2}{4}$
> d：直径

（3）　導体の抵抗の大きさ R〔Ω〕は，抵抗率 ρ〔Ω·m〕，長さ l〔m〕，断面積 A〔m^2〕であるとき，つぎの式で求められる。

$$R = (\quad)^① \frac{(\qquad)^②}{(\qquad)^③}\ 〔\Omega〕$$

> **ヒント**！
> 導電率：σ（シグマ）
> $\sigma = \dfrac{1}{\rho}$〔S/m〕

（4）　ある導体の断面積を $\dfrac{1}{2}$ 倍にし，長さを2倍にすると，抵抗はもとの（   ）①倍になる。

（5）　ある導体の直径を2倍にし，長さを $\dfrac{1}{2}$ 倍にすると，抵抗はもとの（   ）①倍になる。

（6）　抵抗率 ρ の逆数を（   ）①といい，電流の流れやすさを表す。量記号に σ，単位に（   ）②，単位記号〔S/m〕を用いる。

（7）　抵抗の大きさは，材質や形状だけではなく温度によっても変化する。一般に金属は，温度が上昇すると抵抗が（   ）①する。逆に（   ）②などの半導体は温度が上昇すると抵抗が（   ）③する。

　　温度が1℃上昇したとき，抵抗の変化する割合を（   ）④という。

□ **2**　つぎの（　　　）に適切な数値を記入しなさい。

（1）　1 mm =（　　　）①cm =（　　　）②m = 10（　　）③m

（2）　1 m =（　　　）①cm =（　　　）②mm = 10（　　）③mm

（3）　1 mm² =（　　　）①cm² =（　　　）②m² = 10（　　）③m²

（4）　1 m² =（　　　）①cm² =（　　　）②mm² = 10（　　）③mm²

◆◆◆◆◆　**ステップ　2**　◆◆◆◆◆

□ **1**　抵抗率 $\rho = 1.72 \times 10^{-8}$ Ω·m，長さ 50 cm，断面積 8 mm² の電線の抵抗 R 〔mΩ〕を求めなさい。

答　$R =$ ＿＿＿＿＿＿＿＿

□ **2**　直径 0.5 mm，長さ 30 m の電線の抵抗 R 〔Ω〕を求めなさい。ただし，電線に使用する銅線の抵抗率は 1.72×10^{-8} Ω·m とする。

答　$R =$ ＿＿＿＿＿＿＿＿

□ **3**　半径 0.5 mm のマンガニン線の抵抗を 4.5 Ω としたい。この線の長さ l 〔m〕を求めなさい。ただし，マンガニン線の抵抗率を 45×10^{-8} Ω·m とする。

答　$l =$ ＿＿＿＿＿＿＿＿

□ **4**　抵抗値が 6 Ω の導線がある。これと同じ材質で，断面積を 1.5 倍，長さを 60 % とすると抵抗値 R 〔Ω〕はどれだけになるか求めなさい。

答　$R =$ ＿＿＿＿＿＿＿＿

□ **5**　ある導体の半径を $\dfrac{1}{3}$ 倍にし，長さを $\dfrac{1}{2}$ 倍にすると，抵抗の大きさはもとの何倍になるか求めなさい。

答　_____

□ **6**　20℃において，抵抗が15Ωのアルミニウム線がある。この線を50℃まで上昇させたときの抵抗値 R〔Ω〕を求めなさい。ただし，20℃におけるアルミニウム線の抵抗温度係数は 4.2×10^{-3}℃$^{-1}$ とする。

答　$R=$ _____

◇◇◇◇◇ ステップ 3 ◇◇◇◇◇

□ **1**　直径0.8 mm，長さ1 mのニクロム線の抵抗値が2.14Ωであった。つぎの問に答えなさい。

（1）　このニクロム線の抵抗率 ρ〔Ω·m〕を求めなさい。

答　$\rho=$ _____

（2）　このニクロム線の抵抗を10Ωにするために必要な長さ l〔m〕を求めなさい。

答　$l=$ _____

（3）　このニクロム線の導電率 σ〔S/m〕を求めなさい。

答　$\sigma=$ _____

□ **2**　銅線の抵抗が20℃において，2Ωであった。70℃のときの抵抗 R〔Ω〕を求めなさい。ただし，20℃における抵抗温度係数を0.003 93 ℃$^{-1}$とする。

〔答〕 $R=$ _____

□ **3**　あるコイルの抵抗を測定したら，20℃では0.15Ωであった。このコイルにしばらく電流を流した後，再びコイルの抵抗を測定したところ，コイルの温度が上昇し，60℃で抵抗は0.172Ωであった。このコイルの20℃における抵抗温度係数 α_{t1}〔℃$^{-1}$〕を求めなさい。

〔答〕 $\alpha_{t1}=$ _____

□ **4**　軟銅線の0℃における抵抗温度係数は，0.004 27℃$^{-1}$である。この軟銅線の20℃のときの抵抗温度係数 α_t〔℃$^{-1}$〕を求めなさい。

ヒント !
温度係数の温度変化
$$\alpha_t = \frac{\alpha_0}{1+\alpha_0 t} \ \text{〔℃}^{-1}\text{〕}$$
α_0 は0℃における温度係数

〔答〕 $\alpha_t=$ _____

□ **5**　つぎの**図1.7**（a），（b）のような抵抗の色による表示について，抵抗値と許容差を求めなさい。

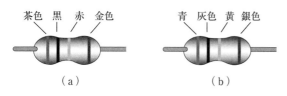

茶色　黒　赤　金色

青　灰色　黄　銀色

（a）　　　　　　　（b）

図1.7

〔答〕（a）_____ ，（b）_____

2 直 流 回 路

2.1 直流回路の計算

トレーニングのポイント

①　直列接続の合成抵抗（図2.1）

$$R = R_1 + R_2 + R_3 \ [\Omega]$$

図2.1

②　並列接続の合成抵抗（図2.2）

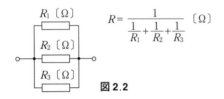

$$R = \cfrac{1}{\cfrac{1}{R_1} + \cfrac{1}{R_2} + \cfrac{1}{R_3}} \ [\Omega]$$

図2.2

2個の並列接続の場合（**図2.3**）

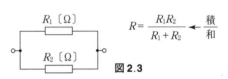

$$R = \cfrac{R_1 R_2}{R_1 + R_2} \quad \leftarrow \cfrac{\text{積}}{\text{和}}$$

図2.3

③　ホイートストンブリッジ（平衡条件）（図2.4）

検流計 G の針が振れないとき，ブリッジ回路が平衡している。

ブリッジの平衡条件　$R_1 R_4 = R_2 R_3$

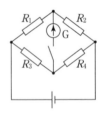

図2.4

④　キルヒホッフの法則（図2.5）

・第1法則（電流に関する法則）

任意の接続点において，流入する電流の和は，流出する電流の和に等しい。

「流入電流の和＝流出電流の和」

　　　→ 電流に関する式：$I_3 = I_1 + I_2$

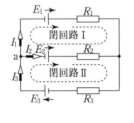

図2.5

・第2法則（電圧に関する法則）

任意の閉回路において，起電力の総和は，電圧降下の総和に等しい。

「電圧降下の和＝起電力の和」→ 電圧に関する式

閉回路Ⅰ：$R_1 I_1 - R_2 I_2 = E_1 - E_2$　　　　　閉回路Ⅱ：$R_2 I_2 + R_3 I_3 = E_2 + E_3$

◇3元1次連立方程式を解き，各電流を求める。

$$\begin{cases} I_3 = I_1 + I_2 \\ R_1 I_1 - R_2 I_2 = E_1 - E_2 \\ R_2 I_2 + R_3 I_3 = E_2 + E_3 \end{cases}$$

例題 1

図 **2.6** において，$R_1 = 10\ \Omega$，$R_2 = 15\ \Omega$，$R_3 = 25\ \Omega$，$V = 100\ \text{V}$ であるとき，つぎの問に答えなさい。

（1）　合成抵抗 $R\ [\Omega]$ を求めなさい。

（2）　回路に流れる電流 $I\ [\text{A}]$ を求めなさい。

（3）　各抵抗の両端の電圧 $V_1 \sim V_3\ [\text{V}]$ を求めなさい。

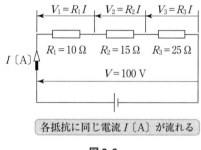

図 **2.6**

解 答

（1）　合成抵抗　$R = R_1 + R_2 + R_3 = 10 + 15 + 25 = 50\ \Omega$

（2）　電流　$I = \dfrac{V}{R} = \dfrac{100}{50} = 2\ \text{A}$

（3）　R_1 の両端の電圧　　$V_1 = R_1 I = 10 \times 2 = 20\ \text{V}$

　　　R_2 の両端の電圧　　$V_2 = R_2 I = 15 \times 2 = 30\ \text{V}$

　　　R_3 の両端の電圧　　$V_3 = R_3 I = 25 \times 2 = 50\ \text{V}$

例題 2

図 **2.7** において，$R_1 = 20\ \Omega$，$R_2 = 30\ \Omega$，$R_3 = 60\ \Omega$，$V = 60\ \text{V}$ であるとき，つぎの問に答えなさい。

（1）　合成抵抗 $R\ [\Omega]$ を求めなさい。

（2）　回路に流れる電流 $I\ [\text{A}]$ を求めなさい。

（3）　各抵抗に流れる電流 $I_1 \sim I_3\ [\text{A}]$ を求めなさい。

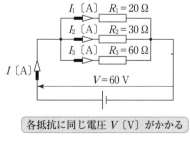

図 **2.7**

【解答】

（1） 合成抵抗 $R = \dfrac{1}{\dfrac{1}{R_1} + \dfrac{1}{R_2} + \dfrac{1}{R_3}} = \dfrac{1}{\dfrac{1}{20} + \dfrac{1}{30} + \dfrac{1}{60}} = 10\ \Omega$

（2） 全電流 $I = \dfrac{V}{R} = \dfrac{60}{10} = 6\ \mathrm{A}$

（3） R_1 に流れる電流 I_1

$$I_1 = \frac{V}{R_1} = \frac{60}{20} = 3\ \mathrm{A}$$

R_2 に流れる電流 I_2

$$I_2 = \frac{V}{R_2} = \frac{60}{30} = 2\ \mathrm{A}$$

R_3 に流れる電流 I_3

$$I_3 = \frac{V}{R_3} = \frac{60}{60} = 1\ \mathrm{A}$$

|||||| 例題 3 ||||||||||||||||||||||||||||||||||||||||||||||||||||||||||||||||||||||||||||||||||||||||

図 2.8 において，キルヒホッフの第1法則，第2法則を適用し，各部の電流 I_1, I_2, I_3〔A〕を求めなさい。

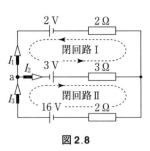

図 2.8

【解答】

○ 第1法則 → 電流に関する式を一つつくる。

・点 a において，流入する電流は「＋」，流出する電流は「−」

　　◇ $-I_1 - I_2 + I_3 = 0$

○ 第2法則 → 電圧に関する式を二つつくる。

・閉回路 I

　起電力：たどる向きと電源の向きに注目

　　　　2 V の電源 → ＋2，3 V の電源 → ＋3　よって 2＋3＝5

　電圧降下：たどる向きと電流の向きに注目

　　　　　I_1 とたどる向きは逆 → $-2I_1$　　　I_2 とたどる向きは同じ → $3I_2$　よって $-2I_1 + 3I_2$

「電圧降下の総和＝起電力の総和」であるから

◇ $-2I_1+3I_2=5$

・閉回路Ⅱ（閉回路Ⅰと同様にして）

◇ $3I_2+2I_3=19$

$$\begin{cases} -I_1-I_2+I_3=0 & \cdots① \\ -2I_1+3I_2=5 & \cdots② \quad \text{この連立方程式を解く。} \\ 3I_2+2I_3=19 & \cdots③ \end{cases}$$

式①を変形　$I_3=I_1+I_2$ $\cdots④$

式④を式③に代入　$3I_2+2(I_1+I_2)$ → $2I_1+5I_2=19$ $\cdots⑤$

式②と式⑤　$-2I_1+3I_2=5$

$$\begin{array}{r} +\quad 2I_1+5I_2=19 \\ \hline 8I_2=24 \\ I_2=3\,\text{A} \end{array}$$

式②に $I_2=3\,\text{A}$ を代入し　→　$-2I_1+3\times(3)=5$　　$I_1=2\,\text{A}$

式④に I_1 と I_2 の答を代入　$I_3=I_1+I_2=2+3=5\,\text{A}$

◆◆◆◆◆ ステップ 1 ◆◆◆◆◆

□ **1** つぎの文の（　　　）に適切な語句や記号，数値を入れなさい。

（1）　図**2.9**のように抵抗が2個並列接続されているときの合成抵抗は，つぎの式により求めることができる。

$$\text{合成抵抗}\quad R=\frac{(\qquad\qquad)^①}{(\qquad\qquad)^②}$$

図2.9

（2）　抵抗の並列接続において，抵抗値が等しい抵抗 R〔Ω〕を n 個接続した場合の合成抵抗は，（　　　）^{①}〔Ω〕となる。

（3）　電圧計の測定範囲を拡大する目的で電圧計に直列に接続する抵抗器のことを（　　　　　　）^{①}という。

（4）　電流計の測定範囲を拡大する目的で電流計に並列に接続する抵抗器のことを（　　　　　）^{①}という。

（5）　キルヒホッフの第1法則は（　　　）^{①}に関する法則である。回路網中の任意の分岐点

に（　　　　　）②電流の和は，流れ出る電流の（　　　）③に等しい。

（6）　キルヒホッフの第2法則は（　　　）①に関する法則である。回路網中の任意の閉回路において，（　　　　）②の総和は（　　　　）③の総和に等しい。

（7）　キルヒホッフの法則を使って各電流の大きさを求めるためには，第1法則で式を（　　　）①つ，第2法則で式を（　　　）②つつくり，これらの式を連立方程式として答を求める。計算の結果，電流の値が負（マイナス）となった場合は，仮定した向きと実際に流れる（　　　　　）③が逆であることを意味している。

□**2**　つぎの**図2.10**の各回路の合成抵抗〔Ω〕を求めなさい。

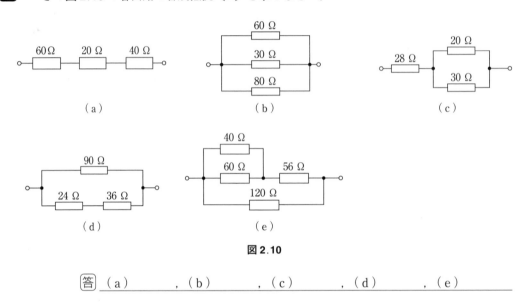

図2.10

答　（a）　　　　　,（b）　　　　,（c）　　　　,（d）　　　　,（e）

◆◆◆◆◆ ステップ 2 ◆◆◆◆◆

□**1**　**図2.11**において，つぎの問に答えなさい。

（1）　合成抵抗 R〔Ω〕を求めなさい。

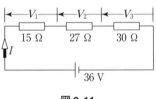

図2.11

答　$R=$

（2）　電流 I〔A〕を求めなさい。

答　$I=$

（3） 各抵抗の両端の電圧 V_1, V_2, V_3〔V〕を求めなさい。

答 $V_1 =$　　　　　 , $V_2 =$　　　　　 , $V_3 =$

□ **2** 図 **2.12** において，つぎの問に答えなさい。

（1） 合成抵抗 R〔Ω〕を求めなさい。

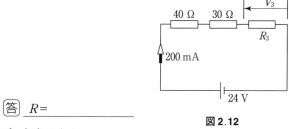

答 $R =$

（2） 抵抗 R_3〔Ω〕の両端の電圧 V_3〔V〕を求めなさい。

図 **2.12**

答 $V_3 =$

□ **3** 図 **2.13** において，つぎの問に答えなさい。

（1） 合成抵抗 R〔Ω〕を求めなさい。

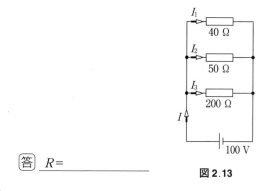

答 $R =$

図 **2.13**

（2） 電流 I, I_1, I_2, I_3〔A〕を求めなさい。

答 $I =$　　　　　 , $I_1 =$　　　　　 , $I_2 =$　　　　　 , $I_3 =$

□ **4** 図 2.14 において，合成抵抗が 15 kΩ であった。抵抗 R_1〔kΩ〕を求めなさい。

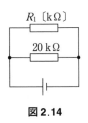

図 2.14

答 $R_1 =$ _____

□ **5** 図 2.15 において，つぎの問に答えなさい。

（1） 電源電圧 V〔V〕を求めなさい。

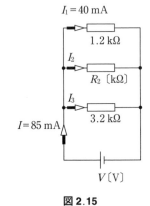

図 2.15

答 $V =$ _____

（2） 電流 I_2, I_3〔mA〕を求めなさい。

答 $I_2 =$ _____ , $I_3 =$ _____

（3） 抵抗 R_2〔kΩ〕を求めなさい。

答 $R_2 =$ _____

□ **6** 図**2.16**において，つぎの問に答えなさい。

（1） 電流 I〔A〕を求めなさい。

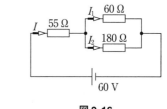

図**2.16**

答 $I =$ _____

（2） 電流 I_1，I_2〔A〕を求めなさい。

答 $I_1 =$ _____ ，$I_2 =$ _____

□ **7** 図**2.17**において，つぎの問に答えなさい。

（1） 回路に流れる電流 I〔A〕を求めなさい。

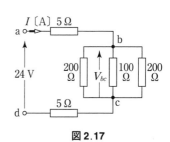

図**2.17**

答 $I =$ _____

（2） b-c 間の電圧 V_{bc}〔V〕を求めなさい。

答 $V_{bc} =$ _____

□ **8** 図**2.18**のブリッジ回路において，検流計の針が振れなかった。未知抵抗 R_x〔Ω〕を求めなさい。

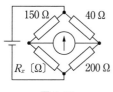

図**2.18**

答 $R_x =$ _____

□ **9** 図 **2.19** において，スイッチSを閉じても検流計の針が振れなかった。つぎの問に答えなさい。

（1） 抵抗 R〔Ω〕を求めなさい。

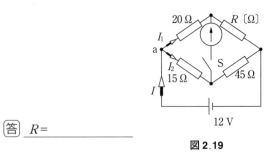

図 2.19

[答] $R=$＿＿＿＿＿＿＿＿

（2） 電流 I_1, I_2〔A〕を求めなさい。

[答] $I_1=$＿＿＿＿＿ , $I_2=$＿＿＿＿＿＿

□ **10** 図 **2.20** のように，最大目盛 15 V，内部抵抗 60 kΩ の直流電圧計に直列抵抗器を接続し，60 V まで測定できるようにしたい。直列抵抗器 R_m〔kΩ〕を求めなさい。

直列抵抗器

図 2.20

[答] $R_m=$＿＿＿＿＿＿＿

□ **11** 最大目盛 30 V，内部抵抗 50 kΩ の直流電圧計に 150 kΩ の直列抵抗器を接続した。測定できる最大電圧〔V〕を求めなさい。

[答] ＿＿＿＿＿＿＿＿

□ **12** 図 **2.21** のように，最大目盛 30 mA，内部抵抗 5 Ω の直流電流計に分流器を接続し，150 mA まで測定できるようにしたい。分流器 R_s〔Ω〕を求めなさい。

分流器
R_s

図 2.21

[答] $R_s=$＿＿＿＿＿＿＿

□ **13** 最大目盛 15 mA，内部抵抗 10 Ω の直流電流計に 8 Ω の分流器を接続した。測定できる最大電流〔mA〕を求めなさい。

〔答〕_____

□ **14** 図 **2.22** において，各電流 I_1, I_2, I_3〔A〕を求めなさい。

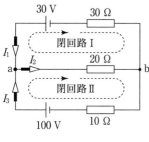

図 2.22

〔答〕 $I_1 =$ _____ , $I_2 =$ _____ , $I_3 =$ _____

□ **15** 図 **2.23** において，各電流 I_1, I_2, I_3〔A〕を求めなさい。また，a-b 間の電位差 V_{ab}〔V〕を求めなさい。

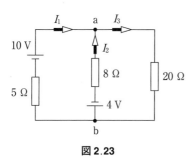

図 2.23

〔答〕 $I_1 =$ _____ , $I_2 =$ _____ , $I_3 =$ _____ , $V_{ab} =$ _____

❖❖❖❖❖ ステップ 3 ❖❖❖❖❖

□ **1** 図 **2.24** の各回路において，合成抵抗 R 〔Ω〕を求めなさい。

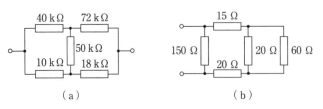

（a）　　　　　　　　　　（b）

図 2.24

答 （a）$R=$＿＿＿＿＿　（b）$R=$＿＿＿＿＿

□ **2** 図 **2.25** において，つぎの問に答えなさい。

（1） スイッチ S を開いているとき，電流 I_1〔A〕を求めなさい。

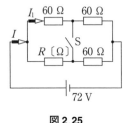

答 $I_1=$＿＿＿＿＿　　**図 2.25**

（2） スイッチ S を閉じたところ，電流 $I=1$ A となった。抵抗 R〔Ω〕を求めなさい。

答 $R=$＿＿＿＿＿

□ **3** 図 **2.26** において，電流 I が 6 A で，電流 $I_2:I_3=3:5$ の割合で分流しているとき，つぎの問に答えなさい。

（1） 抵抗 R_1〔Ω〕における電圧降下〔V〕を求めなさい。

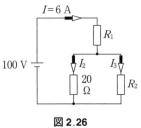

答 ＿＿＿＿＿　　**図 2.26**

（2） 抵抗 R_2〔Ω〕を求めなさい。

答 $R_2=$＿＿＿＿＿

□ **4**　図 2.27 において，a-b 間の電位差が 2 V（点 b のほうが点 a より 2 V 高い）のとき，抵抗 R〔Ω〕を求めなさい。

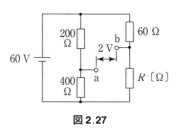

図 2.27

〔答〕$R=$ _____

□ **5**　図 2.28 において，各抵抗に流れる電流〔A〕を求めなさい。また，回路図上に各電流の向きを矢印で示しなさい。

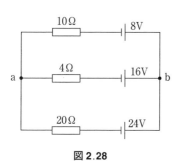

図 2.28

〔答〕$I_1=$ _____ ，$I_2=$ _____ ，$I_3=$ _____

□ **6**　図 2.29 において，電流 I〔A〕，起電力 E〔V〕，抵抗 R〔Ω〕を求めなさい。

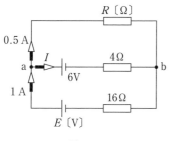

図 2.29

〔答〕$I=$ _____ ，$E=$ _____ ，$R=$ _____

2.2　電力とジュール熱

トレーニングのポイント

① **電　力**　　電気エネルギーが，1秒間あたりにする仕事の大きさ。

　　電力は（電圧×電流）

$$P = VI \text{〔W〕}　　（P：電力〔W〕，V：電圧〔V〕，I：電流〔A〕）$$

　オームの法則により

$$P = VI = RI^2 = \frac{V^2}{R} \text{〔W〕}$$

② **電力量**　　電流がある時間内にする仕事の総量。

　　電力量は（電力×時間）

$$W = Pt = VIt \text{〔J〕}　　（W：電力量〔J〕，P：電力〔W〕，t：時間〔s〕）$$

　（1 J = 1 W·s，大きな電力量〔W·h〕〔kW·h〕）

③ **ジュール熱**　　抵抗に電流を流すと熱が発生する。

　　　　ジュールの法則　$H = RI^2 t$ 〔J〕　　（H：熱量〔J〕，t：時間〔s〕）

　水1gの温度を1℃上昇させるのに必要な熱量は4.2 Jである。

④ **許容電流**　　電線に安全に流すことができる電流の最大値のこと。

|||||| **例題** 1 ||||||

　60 Wの白熱電球に100 Vの電圧を加えたとき，流れる電流 I 〔A〕を求めなさい。また，このときの抵抗 R 〔Ω〕も求めなさい。

〔解答〕　電力 $P = VI$　⇒　$I = \dfrac{P}{V} = \dfrac{60}{100} = 0.6$ A

オームの法則から

$$R = \frac{V}{I} = \frac{100}{0.6} = 166.7 \text{ Ω}$$

（別解）

$$P = \frac{V^2}{R}　⇒　R = \frac{V^2}{P} = \frac{100^2}{60} = 166.7 \text{ Ω}$$

|||||| **例題** 2 ||||||

　電熱器に100 Vの電圧を加え，3 Aの電流を2時間流した。この時間の電力量を W 〔J〕と〔kW·h〕で求めなさい。

解答

電力量 $W=Pt=VIt=100\times3\times\underline{2\times3\,600}=2.16\times10^6$ J

┗—— 秒に換算

1 kW·h は，1 kW で 1 時間使用したときの電力量であるから

$W=Pt$ 　　$P=VI=100\times3=300$ W $=0.3$ kW

$W=Pt=0.3\times2=0.6$ kW·h

例題 3

25 Ω の抵抗に 0.6 A の電流を 2 時間流した。このときに発生する熱量 H〔kJ〕を求めなさい。

解答

ジュールの法則 $H=RI^2t$〔J〕$=25\times0.6^2\times\underline{2\times3\,600}=64\,800=64.8$ kJ

┗—— 秒に換算

◆◆◆◆◆ ステップ 1 ◆◆◆◆◆

□ **1** つぎの文の（　　）に適切な語句や記号，数値を入れなさい。

（1） 電気エネルギーが，1 秒間あたりにする仕事の大きさを（　　　　）①といい，量記号に P，単位に（　　　　）②，単位記号に（　　　　）③を用いる。電圧 V〔V〕を加え，電流 I〔A〕が流れたときの電力 P〔W〕は，つぎの式で表される。

　　　電力　$P=($　　　$)^④\times($　　　$)^⑤$〔W〕

また，この式は，オームの法則から

　　　$P=($　　　$)^⑥=($　　　$)^⑦=\dfrac{(\quad)^⑧}{(\quad)^⑨}$ となる。

（2） 電流がある時間内にする仕事の総量を（　　　　）①といい，量記号に W，単位に（　　　　）②，単位記号に（　　　　）③を用いる。この単位は〔W·s〕という意味である。また，大きな電力量を表すものとして〔kW·h〕（キロワット時）が用いられ，1 kW·h は，1 kW の電力を（　　　　）④使用したときの電力量である。電力 P〔W〕を t 秒間使用したときの電力量 W〔J〕は，つぎの式で表される。

　　　電力量　$W=($　　　$)^⑤\times($　　　$)^⑥$〔J〕

（3） 抵抗に電流を流すと熱が発生する。この熱を（　　　　）①といい，量記号に H，単位に（　　　）②，単位記号に（　　　）③を用いる。抵抗 R〔Ω〕に電圧 V〔V〕を加え，電流 I〔A〕を t 秒間流したとき発生する熱量 H〔J〕は，つぎの式で表される。

　　　ジュール熱　$H=($　　　$)^④$〔J〕

（4） 1 g の水の温度を 1 ℃ 上昇させるために必要な熱量は（　　　）①〔J〕である。

（5）　電線に電流が流れると（　　　　　　　　）①が発生し，電線自体の温度が上昇する。電線には，安全に流すことができる電流の最大値が決められている。この電流を（　　　　）②という。

（6）　回路の保護や安全のため，許容電流を超えた電流が流れたとき回路を遮断する（　　　　　　　　）①がある。また，家庭に取り付けられている（　　　　　　）②も屋内配線や器具を過電流から保護したり安全を確保するものである。

◆◆◆◆◆ **ステップ 2** ◆◆◆◆◆

□ **1**　図 2.30 において，つぎの問に答えなさい。

（1）　合成抵抗 R〔Ω〕を求めなさい。

図 2.30

答　$R=$

（2）　各電流 I_1, I_2, I_3〔A〕を求めなさい。

答　$I_1=$　　　　　, $I_2=$　　　　　, $I_3=$

（3）　R_1, R_2, R_3 で消費される電力 P_1, P_2, P_3〔W〕と回路全体の消費電力 P〔W〕を求めなさい。

答　$P_1=$　　　　, $P_2=$　　　　, $P_3=$　　　　, $P=$

□ **2**　100 V，600 W の電気こたつがある。つぎの問に答えなさい。

（1）　この電気こたつの抵抗 R〔Ω〕を求めなさい。

答　$R=$

（2）　この電気こたつを 8 時間使用したときの電力量 W〔J〕を求めなさい。

答　$W=$

□ **3** 図 **2.31** において，スイッチSを閉じたとき，12 Ω の抵抗で消費される電力は，スイッチSを開いたときに消費される電力の何倍になるか求めなさい。

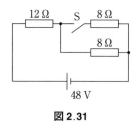

図 2.31

答 _____

□ **4** 100 V，850 W のドライヤーを毎日 10 分ずつ，1 か月（30 日間）使用したときの電力量 W を〔J〕と〔kW·h〕で求めなさい。

答 $W=$ _____ , $W=$ _____

□ **5** 1 kW·h の電力量で，60 W の白熱電球を連続して点灯させることができる時間〔h〕を求めなさい。

答 _____

□ **6** 20 Ω の抵抗に 100 V の電源を接続し，50 分間電流を流し続けた。このときの熱量 H〔J〕を求めなさい。

答 $H=$ _____

□ **7** 20 ℃の水 1 kg を 100 ℃に上昇させるために必要な熱量 H〔J〕を求めなさい。

答 $H=$ _____

□ **8** 100 V，5 A の電熱器がある。つぎの問に答えなさい。

（1） 20 分間使用したとき，発生する熱量 H〔J〕を求めなさい。

答 $H=$ _____

（2）　この発生した熱量で，10℃の水5kgを加熱したとき，水の温度は何℃になるか求め
なさい。

答 _____

◇◇◇◇◇◇ ステップ 3 ◇◇◇◇◇◇

□ **1**　図2.32において，抵抗 R が60Ωのとき，この回路の消費電力が200Wであった。抵抗 R
を15Ωに取り替えた場合の消費電力 P〔W〕を求めなさい。

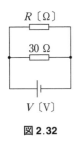

図2.32

答 $P=$ _____

□ **2**　100V，1.2kWの電熱器を95Vの電圧で使用したとき，消費される電力 P〔kW〕を求め
なさい。

答 $P=$ _____

□ **3**　20Ωの抵抗を100Vの電源に接続し，電流を10分間流し続けたとき，つぎの問に答えな
さい。

（1）　発生する熱量 H〔J〕を求めなさい。

答 $H=$ _____

（2）　この抵抗を電熱器として利用し，10℃の水1.5kgを加熱したとき，水温は何℃にな
るか求めなさい。ただし，電熱器の発生熱量の80％が有効に利用されるものとする。

答 _____

2.3 電流の化学作用と電池

トレーニングのポイント

① **電気分解**　電解液に直流電圧を加えると，電流が流れ化学反応が生じる。

　電解液に I 〔A〕の電流を t 秒間流したとき，原子量を M，イオンの価数を m とすると，電気分解によって析出する物質の量 W 〔g〕は

$$W = \frac{M}{m} \cdot \frac{It}{96\,500} \text{〔g〕} \quad (M：原子量,\ m：イオンの価数)$$

② **電　池**

　一次電池：一度電気エネルギーを放出（放電）すると，再生できない電池。

　二次電池：外部からの電気エネルギー供給（充電）により，繰り返し使用できる電池。

　蓄電池の容量：蓄電池の容量＝放電電流 I 〔A〕×放電時間 H 〔h〕〔A·h〕

③ **クリーンな電気エネルギー源**

　太陽電池　　太陽からの光エネルギーを電気エネルギーに変換する発電装置。

　燃料電池　　水素と酸素から水と電気を取り出す発電装置。

例題 1

　硝酸銀水溶液に 5 A の電流を 30 分間流したとき，析出される銀の量 W 〔g〕を求めなさい。ただし，銀の原子量は 107.9，銀のイオンの価数は 1 である。

解答

　　析出する物質量 $W = \dfrac{M}{m} \cdot \dfrac{It}{96\,500}$　　　　1 分＝60 秒

　　　　　　$= \dfrac{107.9}{1} \times \dfrac{5 \times 30 \times 60}{96\,500} = 10.1\ \text{g}$

例題 2

　3 A の電流を 12 時間放電できる二次電池（蓄電池）の容量〔A·h〕を求めなさい。

解答

　　蓄電池の容量＝電流 I 〔A〕×放電時間 H 〔h〕〔A·h〕

　　　　　　　$= 3 \times 12 = 36\ \text{A·h}$

◆◆◆◆◆ ステップ 1 ◆◆◆◆◆

□ **1** つぎの文の（　　　）に適切な語句や記号を入れなさい。

（1）　電気的に中性な物質が陽イオンと陰イオンに分かれることを（　　　）^{①}といい，イオンになりやすい物質を（　　　）^{②}，その水溶液を（　　　）^{③}という。

（2）　**図2.33** のように食塩水の中に電極を入れ直流電圧を加えると，（　　　）^{①}は陰極に，（　　　）^{②}は陽極に向かって電解液中をイオンが移動する。このようにイオンが移動することにより電流が流れ，化学反応を生じる現象を（　　　）^{③}という。

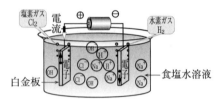

図2.33 食塩水の電気分解

（3）　電池は，（　　　）^{①}で発生したエネルギーを（　　　）^{②}エネルギーに変換して取り出す装置のことである。電池には（　　　）^{③}電池と（　　　）^{④}電池がある。

（4）　一次電池は一度電気エネルギーを放出（　　　）^{①}すると，再生できない電池であり，使い捨て形の電池である。また，二次電池は電気エネルギー放電後も，外部からのエネルギーの供給（　　　）^{②}により，再生し繰り返し使用できる電池のことで，充電式の電池のことである。

（5）　二次電池は蓄電池とも呼ばれ，代表的なものに自動車用の（　　　）^{①}がある。この蓄電池の容量は，放電できる（　　　）^{②}と（　　　）^{③}の積で表し，単位には（　　　）^{④}を用いる。

（6）　石油，石炭などの化石燃料を燃焼することによる発電は，（　　　）^{①}を発生するため，地球温暖化などの（　　　）^{②}問題の一因となっている。クリーンな電気エネルギー源として，（　　　）^{③}電池や（　　　）^{④}電池が注目され，技術開発が進んでいる。

（7）　太陽電池は，**図2.34** のように太陽からの（　　　）^{①}エネルギーを電気エネルギーに変換する装置である。

（8）　燃料電池は，水の電気分解の逆で（　　　）^{①}と（　　　）^{②}から水と電気を取り出す装置のことである。

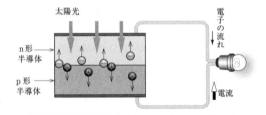

半導体が太陽光を吸収し，内部の電子がエネルギーを得る。この電子を電流として取り出すしくみとなっている。

図2.34

（9）　2種類の金属線の両端を接続し，二つの接続点に温度差をつくると，その回路に一定の向きの起電力が生じる。このような現象を（　　　）^{①}という。この2種類の金属線の組み合わせを（　　　）^{②}という。

(10)　熱電対に電流を流すと，接合部で熱の発生や吸熱が起こる。この現象を（　　　　　　　　）①という。この現象を応用したものに（　　　　　　　）②がある。

◆◆◆◆◆ ステップ 2 ◆◆◆◆◆

□ ❶　表2.1の元素の原子量とイオンの価数を用いて，銀，銅，ナトリウムの3種類の金属を3Aの電流で2時間電気分解して得られる析出する物質の量 W〔g〕を求めなさい。

ヒント！

$W = \dfrac{M}{m} \cdot \dfrac{It}{96\,500}$〔g〕

M：原子量
m：イオンの価数
I：電流〔A〕
t：時間〔s〕
96 500〔C/mol〕
ファラデー定数

表2.1　おもな元素の原子量とイオンの価数

原　子	イオン	原子量 M	イオンの価数 m
酸　素	O^{2-}	16.0	2
ナトリウム	Na^{+}	23.0	1
塩　素	Cl^{-}	35.5	1
銅	Cu^{2+}	63.5	2
亜　鉛	Zn^{2+}	65.4	2
銀	Ag^{+}	107.9	1

（1）　銀

答　$W =$ _____

（2）　銅

答　$W =$ _____

（3）　ナトリウム

答　$W =$ _____

□ **2** 硝酸銀水溶液から銀を 10 g 析出するのに必要な電気量 Q 〔C〕を求めなさい。

ヒント！

電流の大きさ
$$I = \frac{Q}{t} \ \text{〔A〕}$$

〔答〕 $Q=$ _____

□ **3** 硝酸銀水溶液に 3 A の電流を流して，2 g の銀を析出させるのに必要な時間 t 〔s〕を求めなさい。ただし，銀の原子量は 107.9，イオンの価数は 1 である。

ヒント！

イオンの価数
  原子がイオンになるときに放出したり受け取ったりする電子の数のこと。

〔答〕 $t=$ _____

□ **4** 42 A・h の鉛蓄電池から 3 A の電流が流れ出しているとき，この電池の使用時間〔h〕を求めなさい。

〔答〕 _____

3 静 電 気

3.1 静 電 現 象

トレーニングのポイント

① **静電気に関するクーロンの法則**　真空中に r〔m〕の間隔で置かれた二つの電荷 Q_1, Q_2〔C〕の間に働く静電力 F〔N〕は

$$F = \frac{1}{4\pi\varepsilon_0} \cdot \frac{Q_1 Q_2}{r^2} = 9 \times 10^9 \times \frac{Q_1 Q_2}{r^2} \text{〔N〕}$$

誘電率 ε〔F/m〕の物質中の場合，その比誘電率が ε_r ならば

$$F = \frac{1}{4\pi\varepsilon} \cdot \frac{Q_1 Q_2}{r^2} = \frac{1}{4\pi\varepsilon_0\varepsilon_r} \cdot \frac{Q_1 Q_2}{r^2} \text{〔N〕}$$

比誘電率と誘電率の関係は

$$\varepsilon_r = \frac{\varepsilon}{\varepsilon_0}$$

（ε_0：真空の誘電率で 8.85×10^{-12} F/m，ε：物質の誘電率〔F/m〕，ε_r：比誘電率）

② **電界の大きさ**　真空中に Q〔C〕の電荷を置いたとき，r〔m〕離れた電界の大きさ E〔V/m〕は

$$E = \frac{1}{4\pi\varepsilon_0} \cdot \frac{Q}{r^2} = 9 \times 10^9 \times \frac{Q}{r^2} \text{〔V/m〕}$$

③ **電荷に働く静電力**　電界の大きさ E〔V/m〕の電界中に，電荷 Q〔C〕を置くと，発生する静電力 F〔N〕は

$$F = QE \text{〔N〕}$$

④ **平等電界の大きさ**　平等電界の大きさ E〔V/m〕は，2枚の金属板の間の距離を l〔m〕，金属板間の電位差を V〔V〕とすると

$$E = \frac{V}{l} \text{〔V/m〕}$$

⑤ **電束密度**　真空中での電界の大きさ E〔V/m〕と電束密度 D〔C/m²〕の関係は

$$D = \varepsilon_0 E \text{〔C/m}^2\text{〕}$$

|||||||||||||||||||　**例題**　1　||||||||||||||||||||||||||||||||||||||||||||||||||||||

　真空中に $+3\,\mu C$ と $+6\,\mu C$ の二つの電荷が $5\,cm$ の距離を隔てて置いてある。この電荷に発生する静電力 F 〔N〕を求めなさい。また，この力は吸引力か反発力か答えなさい。

解答

$$F = \frac{1}{4\,\pi\varepsilon_0} \cdot \frac{Q_1 Q_2}{r^2} = 9\times10^9 \times \frac{3\times10^{-6}\times6\times10^{-6}}{(5\times10^{-2})^2} = 64.8\,\text{N}$$

電荷は同種であるので，反発力が発生する。

◆◆◆◆◆ ステップ　1 ◆◆◆◆◆

□ **1**　つぎの文の（　　　）に適切な語句や記号を入れなさい。

（1）　物質が電気を帯びる現象を（　　　）①といい，条件が整えばこの電気は移動することなく静止するので（　　　　）②と呼ばれる。

（2）　絶縁された帯電していない導体球に，正に帯電した物体を近づけると，近づけた付近には（　　　）①の電荷が現れる。その反対側では（　　　）②の電荷が現れる。このような現象を（　　　）③という。

（3）　静電力が働く空間を（　　　）①という。電界中に $+1C$ の電荷を置いたときに働く静電力を（　　　　　）②といい，単位に（　　　　　）③，単位記号に（　　　）④を用いる。

□ **2**　電界の大きさ $50\,V/m$ の電界中に $3\,\mu C$ の電荷を置いたときに，電荷に働く静電力 F 〔N〕を求めなさい。

> **ヒント**！
> 電界中に置いた電荷に発生する静電力
> $F = QE$ 〔N〕

答 $F=$ _____

□ **3**　図 **3.1** のように電荷がある場合の電気力線の様子を示しなさい。

> **ヒント**！
> 電気力線は正の電荷から出て負に入る。交差したり分岐したりしない。

　（a）　正の 2 電荷のとき　　　　　（b）　正負 2 電荷のとき

図 3.1

◆◆◆◆◆ **ステップ 2** ◆◆◆◆◆

□ **1** 比誘電率 20 の物質中に $+30\,\mu C$ と $-50\,\mu C$ の電荷を 8 cm の間隔で置いたときに発生する静電力 F 〔N〕を求めなさい。

ヒント ！
比誘電率の値で発生する静電力は異なる。
$$F = \frac{1}{4\pi\varepsilon_0\varepsilon_r} \cdot \frac{Q_1 Q_2}{r^2}\ \text{〔N〕}$$
ε_0：真空の誘電率
ε_r：比誘電率

答 $F=$ _____

□ **2** 真空中に置いた電荷から 5 m 離れた場所の電界の大きさを測定したところ 30 kV/m であった。この電荷の電荷量 Q〔μC〕を求めなさい。

ヒント ！
真空中の電荷のまわりの電界の大きさ
$$E = 9\times10^9 \times \frac{Q}{r^2}\ \text{〔V/m〕}$$

答 $Q=$ _____

□ **3** 真空中に $+1\,\mu C$ と $+4\,\mu C$ の二つの電荷を 1 m の間隔で置いた。この二つの電荷を結ぶ直線上で電界が零になる場所は，$+1\,\mu C$ の電荷からどれだけ離れた点か求めなさい。

ヒント ！
電界が零になる場所を $+1\,\mu C$ の電荷から r〔m〕$(0<r<1)$ とする。
電界が零の場所は，$+4\,\mu C$ の電荷からは $(1-r)$〔m〕となる。

答 _____

3.2　コンデンサと静電容量

トレーニングのポイント

① 静電容量

（1）　コンデンサに蓄えられる電荷 Q〔C〕，端子間電圧 V〔V〕，静電容量 C〔F〕の関係は

$$Q = CV \ \text{〔C〕}$$

（2）　電極の面積 A〔m^2〕，誘電率 ε〔F/m〕，比誘電率 ε_r，電極間の距離 d〔m〕のコンデンサの静電容量 C〔F〕の関係は

$$C = \varepsilon \frac{A}{d} = \varepsilon_0 \varepsilon_r \frac{A}{d} \ \text{〔F〕}$$

② コンデンサの接続

（1）　並列接続の合成静電容量

$$C = C_1 + C_2 + C_3 + \cdots + C_n \ \text{〔F〕}$$

（2）　直列接続の合成静電容量

$$C = \frac{1}{\dfrac{1}{C_1} + \dfrac{1}{C_2} + \dfrac{1}{C_3} + \cdots + \dfrac{1}{C_n}} \ \text{〔F〕}$$

③ コンデンサに蓄えられるエネルギー

$$W = \frac{1}{2} CV^2 = \frac{1}{2} QV = \frac{1}{2} \cdot \frac{Q^2}{C} \ \text{〔J〕}$$

|||||| 例題 1 ||||||||||||||||||||||||||||||||||||||||||||||||||||||||||||||||||||||||||

図 **3.2** の回路について，回路全体の合成静電容量，各コンデンサの端子電圧および蓄えられる電荷量を求めなさい。

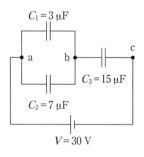

$C_1 = 3 \ \mu\text{F}$

$C_3 = 15 \ \mu\text{F}$

$C_2 = 7 \ \mu\text{F}$

$V = 30 \ \text{V}$

図 **3.2**

解答

a–b 間の合成静電容量は

$$C_{ab} = 3 + 7 = 10 \ \mu\text{F}$$

回路全体の合成静電容量 C_0 は

$$C_0 = \frac{1}{\dfrac{1}{C_{ab}} + \dfrac{1}{C_3}} = \frac{C_{cb} C_3}{C_{ab} + C_3} = \frac{10 \times 15}{10 + 15} = 6 \ \mu\text{F}$$

したがって，この回路は 30 V の直流電源に 6 μF のコンデンサが接続されているのと等価である。C_3 に蓄えられる電荷量は，この合成静電容量に蓄えられる電荷量と等しいので

$$Q_3 = C_0 V = 6 \times 10^{-6} \times 30 = 180 \ \mu\text{C}$$

このときの C_3 の端子電圧は

$$V_3 = \frac{Q_3}{C_3} = \frac{180 \times 10^{-6}}{15 \times 10^{-6}} = 12 \ \text{V}$$

a–b 間の電圧は電源電圧から V_3 を引いた値であり，C_1 と C_2 の端子電圧に等しいので，

$$V_1 = V_2 = V - V_3 = 30 - 12 = 18 \ \text{V}$$

C_1，C_2 に蓄えられる電荷量は

$$Q_1 = C_1 V_1 = 3 \times 10^{-6} \times 18 = 54 \ \mu\text{C}$$

$$Q_2 = C_2 V_2 = 7 \times 10^{-6} \times 18 = 126 \ \mu\text{C}$$

◇◇◇◇◇ ステップ 1 ◇◇◇◇◇

□ **1** 図 3.3 の回路の合成静電容量 C〔μF〕を求めなさい。

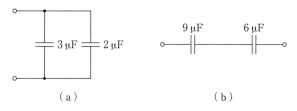

（a）　　　　　　　　　（b）

図 3.3

ヒント！
二つのコンデンサが直列に接続されているときの合成静電容量は，それぞれの静電容量の $\dfrac{積}{和}$ で計算することができる。

答 （a）　$C =$ ＿＿＿＿＿＿＿　（b）　$C =$ ＿＿＿＿＿＿＿

□ **2** 12 μF のコンデンサに 5 V の電源を接続したときに蓄えられる電荷 Q〔μC〕を求めなさい。

答　$Q =$ ＿＿＿＿＿＿＿

□ **3**　6 µF のコンデンサに 30 µC の電荷が蓄えられている。このコンデン
サの端子電圧 V〔V〕を求めなさい。

ヒント！

$Q=CV$ の関係から

$V=\dfrac{Q}{C}$〔V〕

答　$V=$ _____

◆◆◆◆◆ ステップ 2 ◆◆◆◆◆

□ **1**　**図3.4** の回路の合成静電容量 C〔µF〕を求めなさい。

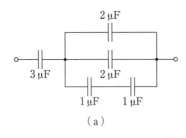

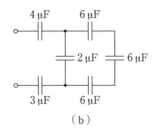

（a）　　　　　　　　　　　　（b）

図3.4

答　（a）$C=$ _____　　（b）$C=$ _____

□ **2**　平行板コンデンサの金属板の面積を 5 倍，間隔を 2 倍にしたときの
静電容量は，もとの何倍になるか求めなさい。

ヒント！

$C=\varepsilon\dfrac{A}{d}$ の式において

面積 5 倍なら $5A$，間
隔 2 倍なら $2d$ として

$C'=\varepsilon\dfrac{5A}{2d}$

答　_____

□ **3**　60 µF のコンデンサに 20 V の電圧を加えたときに蓄えられるエネル
ギー W〔mJ〕を求めなさい。

ヒント！

コンデンサに蓄えられ
るエネルギーは

$W=\dfrac{1}{2}CV^2$〔J〕

この式と $Q=CV$ の式
を組み合わせると

$W=\dfrac{1}{2}QV$

　$=\dfrac{1}{2}\cdot\dfrac{Q^2}{C}$〔J〕

答　$W=$ _____

□ **4**　あるコンデンサに 10 V の電圧を加えると 200 µC の電荷が蓄えられ
た。このコンデンサに蓄えられているエネルギー W〔mJ〕を求めな
さい。

答　$W=$ _____

◈◈◈◈◈ **ステップ　3** ◈◈◈◈◈

□ **❶** **図3.5** の回路において，C_1 のコンデンサに $72\,\mu\mathrm{C}$ の電荷が蓄えられている。

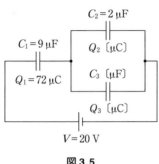

図3.5

（1）　C_1 のコンデンサの端子電圧 V_1〔V〕を求めなさい。

　　　　　　　　　　　　　　　　　　　　　　　　　　　　　　㊜ $V_1 =$ _____

（2）　C_2 のコンデンサの端子電圧 V_2〔V〕を求めなさい。

　　　　　　　　　　　　　　　　　　　　　　　　　　　　　　㊜ $V_2 =$ _____

（3）　コンデンサ C_3 の静電容量 C_3〔μF〕を求めなさい。

　　　　　　　　　　　　　　　　　　　　　　　　　　　　　　㊜ $C_3 =$ _____

（4）　回路全体に蓄えられるエネルギー W〔mJ〕を求めなさい。

　　　　　　　　　　　　　　　　　　　　　　　　　　　　　　㊜ $W =$ _____

4 電 流 と 磁 気

4.1 磁 気

トレーニングのポイント

① **磁気に関するクーロンの法則**　磁極の強さを m_1, m_2〔Wb〕，両磁極間の距離を r〔m〕としたとき，両磁極間に働く磁力 F〔N〕は

$$F = \frac{1}{4\pi\mu} \cdot \frac{m_1 m_2}{r^2} \text{〔N〕} \quad (\mu : 透磁率〔H/m〕)$$

真空中では

$$F = \frac{1}{4\pi\mu_0} \cdot \frac{m_1 m_2}{r^2} = 6.33 \times 10^4 \times \frac{m_1 m_2}{r^2} \text{〔N〕} \quad (\mu_0 : 真空中の透磁率〔H/m〕)$$

② **磁界の大きさ**　m〔Wb〕の磁極から r〔m〕離れた点の磁界の大きさ H〔A/m〕は

$$H = \frac{1}{4\pi\mu} \cdot \frac{m}{r^2} \text{〔A/m〕}$$

真空中では

$$H = \frac{1}{4\pi\mu_0} \cdot \frac{m}{r^2} = 6.33 \times 10^4 \times \frac{m}{r^2} \text{〔A/m〕}$$

③ **磁界中の磁極に働く磁力**　H〔A/m〕の磁界中の m〔Wb〕の磁極に働く磁力 F〔N〕は

$$F = mH \text{〔N〕}$$

④ **磁束密度**　面積 A〔m²〕を垂直に通る磁束が Φ〔Wb〕の場合，磁束密度 B〔T〕は

$$B = \frac{\Phi}{A} \text{〔T〕}$$

⑤ **磁界の大きさ H〔A/m〕と磁束密度 B〔T〕の関係**

$$B = \mu H \text{〔T〕}$$

⑥ **ベクトル**　磁界は大きさと向きをもっているベクトル量である。

|||||||||||||||||||| **例題 1** ||||||||||||||||||||||||||||||||||||||||||||||||||||||||||||||||||||||||||||||||||||||||||

真空中に $m_1 = 1 \times 10^{-5}$ Wb の磁極が置かれている。この磁極から 5 cm 離れた点の磁界の大きさ H [A/m] を求めなさい。また，この磁極に働く磁力 F [N] を求めなさい。

解 答

$$H = 6.33 \times 10^4 \times \frac{1 \times 10^{-5}}{(5 \times 10^{-2})^2} = 2.53 \times 10^2 \, \text{A/m}$$

$$F = mH = 1 \times 10^{-5} \times 2.53 \times 10^2 = 2.53 \times 10^{-3} \, \text{N}$$

|||||||||||||||||||| **例題 2** ||||||||||||||||||||||||||||||||||||||||||||||||||||||||||||||||||||||||||||||||||||||||||

真空中で磁極の強さが 2.0×10^{-4} Wb の N 極と -8.0×10^{-4} Wb の S 極を 6 cm 離して置いたとき，この二つの磁極に働く磁力 F [N] と向きを求めなさい。

解 答

$$F = 6.33 \times 10^4 \times \frac{2 \times 10^{-4} \times (-8) \times 10^{-4}}{0.06^2} = -2.81 \, \text{N}$$

二つの磁極は異種の磁極なので，力の向きは磁力を結ぶ直線上で吸引力となる。

◇◇◇◇◇ ステップ 1 ◇◇◇◇◇

□ **1** 図 4.1 の（a），（b）のように空気中に置かれた磁極の強さが同じ棒磁石がある。点 P，点 Q における磁界の向きを図中に示しなさい。

ヒント !
それぞれの磁極からの磁界の向きを記入し，それらを合成する。

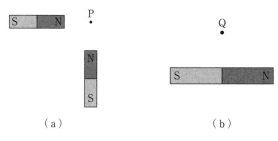

（a）　　　　　　　　　　（b）

図 4.1

◆◆◆◆◆ **ステップ 2** ◆◆◆◆◆

□ **1** 真空中で磁極の強さが $m_1 = 4 \times 10^{-4}$ Wb と $m_2 = 8 \times 10^{-4}$ Wb の磁極が 10 cm の距離 r だけ離して置かれている。この磁極間に働く磁力 F 〔N〕を求めなさい。

> ヒント！
> $F = \dfrac{1}{4\pi\mu_0} \cdot \dfrac{m_1 m_2}{r^2}$ 〔N〕
> に代入する。
> $r = 10$ cm を m の単位にする。

答 $F =$ _____

□ **2** 真空中で磁界の大きさ H が 8 A/m の磁界中に，2×10^{-4} Wb の磁極 m を置いたとき，この磁極に働く磁力 F 〔N〕を求めなさい。

> ヒント！
> $F = mH$ から求める。

答 $F =$ _____

□ **3** 面積 A が 5 cm² の面を垂直に通る磁束 ϕ が 8×10^{-4} Wb であった。このときの磁束密度 B 〔T〕を求めなさい。

> ヒント！
> $B = \dfrac{\phi}{A}$ 〔T〕
> に代入する。
> 5 cm² を m² の単位にする。

答 $B =$ _____

◆◆◆◆◆ **ステップ 3** ◆◆◆◆◆

□ **1** 真空中で 2×10^{-3} Wb の二つの磁極 m を置いたとき，反発力 F が 2 N であった。この磁極間の距離 r 〔cm〕を求めなさい。

> ヒント！
> $F = 6.33 \times 10^4$
> $\times \dfrac{m_1 m_2}{r^2}$ 〔N〕
> これを r について式変形する。

答 $r =$ _____

□ **2** 真空中に置かれている m 〔Wb〕の磁極から，20 cm の距離 r だけ離れた所の磁界の大きさ H が 380 A/m であった。この磁極の強さ m 〔Wb〕を求めなさい。

> ヒント！
> $H = 6.33 \times 10^4$
> $\times \dfrac{m}{r^2}$ 〔A/m〕
> これを m について式変形する。

答 $m =$ _____

4.2 電流の磁気作用

トレーニングのポイント

① **電流 I〔A〕による磁界**

（1） 長い直線状導体による r〔m〕の点の磁界の大きさ　　$H = \dfrac{I}{2\pi r}$〔A/m〕

（2） 半径 r〔m〕の N 回巻きの円形コイルの中心の磁界　　$H = \dfrac{NI}{2r}$〔A/m〕

（3） 半径 r〔m〕の N 回巻きの環状コイルによるコイル内部の磁界

$$H = \dfrac{NI}{2\pi r} \quad 〔\text{A/m}〕$$

② **磁気回路**

起磁力　$F_m = NI$〔A〕　　（N：巻数〔回〕　I：電流〔A〕）

磁気抵抗　$R_m = \dfrac{NI}{\varPhi} = \dfrac{1}{\mu}\cdot\dfrac{l}{A} = \dfrac{1}{\mu_0\mu_r}\cdot\dfrac{l}{A}$〔$\text{H}^{-1}$〕

　　　　　　　　　　（l：磁路の長さ〔m〕，A：断面積〔m^2〕）

磁　束　$\varPhi = \dfrac{F_m}{R_m}$〔Wb〕

‖‖‖‖‖‖‖‖‖‖ **例題** 1 ‖‖

図 4.2 のように導線を一様に巻いた環状コイルについて，つぎの問に答えなさい。ただし，磁路の平均長さは 60 cm，磁路の断面積が 5 cm^2，コイルの巻数は 100 回巻き，鉄心の比透磁率 μ_r は 1 000 とし，これに 0.5 A の電流を流した。

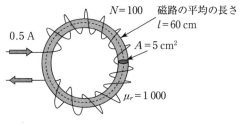

図 4.2

（1） 鉄心内部の磁界の大きさ H〔A/m〕を求めなさい。

（2） 鉄心の透磁率 μ〔H/m〕を求めなさい。

（3） 磁気抵抗 R_m〔H^{-1}〕を求めなさい。

（4） 起磁力 F_m〔A〕を求めなさい。

（5） 磁路に生じる磁束 $\varPhi$〔Wb〕を求めなさい。

解答

（1） $H = \dfrac{NI}{2\pi r} = \dfrac{100 \times 0.5}{0.6} = 83.3\,\text{A/m}$

（2） $\mu = \mu_0 \mu_r = 4\pi \times 10^{-7} \times 1\,000 = 1.26 \times 10^{-3}\,\text{H/m} = 1.26\,\text{mH/m}$

（3） $R_m = \dfrac{1}{\mu} \cdot \dfrac{l}{A} = \dfrac{1}{1.26 \times 10^{-3}} \cdot \dfrac{0.6}{5 \times 10^{-4}} = 9.52 \times 10^5\,\text{H}^{-1}$

（4） $F_m = NI = 100 \times 0.5 = 50\,\text{A}$

（5） $\varPhi = \dfrac{F_m}{R_m} = \dfrac{50}{9.52 \times 10^5} = 5.25 \times 10^{-5}\,\text{Wb}$

◇◇◇◇◇ ステップ 1 ◇◇◇◇◇

□ **1** 図 **4.3** のような向きに電流を流したとき，点 P の位置に発生する磁界の向きを図に記入しなさい。

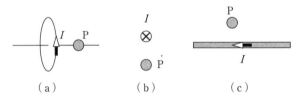

（a）　　　　　（b）　　　　　（c）

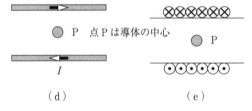

（d）　　　　　　（e）

図 4.3

◇◇◇◇◇ ステップ 2 ◇◇◇◇◇

□ **1** 長い直線状導体に 5 A の電流 I が流れているとき，導体から 20 cm 離れた距離 r における磁界の大きさ H〔A/m〕を求めなさい。

ヒント！

$H = \dfrac{I}{2\pi r}$〔A/m〕
に代入。
$r = 20\,\text{cm}$ を m の単位にする。

答 $H =$ _____

□ **2** 真空中に半径 r が 20 cm の円形コイルがある。これに 5 A の電流 I を流したとき，コイルの中心の磁束密度 B〔T〕を求めなさい。

ヒント！

$H = \dfrac{I}{2r}$〔A/m〕

から磁界の大きさ H を求める。

$B = \mu_0 H$
　$= 4\pi \times 10^{-7} \times H$

から求める。

〔答〕 $B =$ ＿＿＿＿＿＿＿＿

□ **3** 巻数 N が 200 回のコイルに，5 A の電流 I を流したときの起磁力 F_m〔kA〕を求めなさい。

ヒント！

$F_m = NI$〔A〕から求める。

〔答〕 $F_m =$ ＿＿＿＿＿＿＿＿

□ **4** 磁気回路の磁路の長さ l が 20 cm，断面積 A が 4 cm² の鉄心がある。鉄心の磁気抵抗 R_m〔H⁻¹〕を求めなさい。ただし，鉄心の比透磁率 μ_r を 1 000 とする。

ヒント！

$R_m = \dfrac{1}{\mu_r \mu_0} \cdot \dfrac{l}{A}$〔H⁻¹〕

に代入。
20 cm を m の単位に，4 cm² を m² の単位にする。

〔答〕 $R_m =$ ＿＿＿＿＿＿＿＿

◇◇◇◇◇ ステップ 3 ◇◇◇◇◇

□ **1** 磁気抵抗 R_m が 4×10^5 H⁻¹ の磁気回路がある。この磁路に 2×10^{-3} Wb の磁束 Φ を発生させるためには，起磁力 F〔A〕をいくらにすればよいか。

ヒント！

$R_m = \dfrac{NI}{\Phi}$〔H⁻¹〕

から $NI = R_m \Phi$ として求める。

〔答〕 $F =$ ＿＿＿＿＿＿＿＿

□ **2** 図 4.4 のように上下で異なる材料（透磁率が μ_1，μ_2〔H/m〕）でできた鉄心がある。この磁気回路の磁気抵抗 R_m〔H⁻¹〕を求めなさい。ただし，環状コイルの平均半径を r〔m〕，断面積を A〔m²〕とする。

ヒント！

上部の透磁率は μ_1
　　　磁路の長さは πr
上部だけの磁気抵抗は

$R_{m1} = \dfrac{1}{\mu_1} \cdot \dfrac{\pi r}{A}$〔H⁻¹〕

下部の透磁率は μ_2
　　　磁路の長さは πr
下部だけの磁気抵抗は

$R_{m2} = \dfrac{1}{\mu_2} \cdot \dfrac{\pi r}{A}$〔H⁻¹〕

磁気回路全体の磁気抵抗は

$R_m = R_{m1} + R_{m2}$

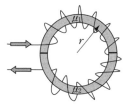

図 4.4

〔答〕 $R_m =$ ＿＿＿＿＿＿＿＿＿＿＿＿＿＿

4.3 磁界中の電流に働く力

トレーニングのポイント

① **磁界中の電流に働く力**

（**1**） **向 き**　フレミングの左手の法則：左手の親指，人差し指，中指をたがいに直角に開き，人差し指を磁界の向き，中指を電流の向きにしたとき，親指が電磁力の向きを表す（たがいに直角に開く）。

（**2**） **大きさ**　$F = BIl$〔N〕

　　　（B：磁束密度〔T〕，I：導体に流れる電流〔A〕，l：導体の長さ〔m〕）

② **平行導体間に働く力**　$f = \dfrac{2I_1 I_2}{r} \times 10^{-7}$〔N/m〕

　（f：1 m あたりの導体に働く力〔N/m〕，I_1, I_2：各導体に流れる電流〔A〕，r：各導体間の距離〔m〕）

③ **コイルに働くトルク**　$T = BIlD$〔N·m〕

　（B：磁束密度〔T〕，I：コイルに流れる電流〔A〕，l：コイル辺の長さ〔m〕，D：コイル辺間の距離〔m〕）

IIIIIIIIIIIIII　**例題** 1 IIIIIIIIIIIIIIIIIIIIIIIIIIIIIIIIIIIIIIIIIIIIIIIIIIIIIIIIIIIIIIIIIIIIIIIIIIIIIIIIII

　図 **4.5**（a）のように磁束密度 B〔T〕の平等磁界中に，同図（b）の長さ l〔m〕，幅 D〔m〕のコイルを，その面が磁界と θ〔°〕となるように置いた。このコイルに電流 I〔A〕を流したとき，コイルに働く力 F〔N〕とコイルのトルク T〔N·m〕を求めなさい。

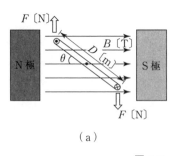

（a）

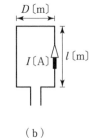

（b）

図 4.5

　解 答　各コイル辺に働く力は $F = BIl$〔N〕となる。両 F 間の垂直距離は，図 **4.6** から $D\cos\theta$ となるので，トルク T は $T = FD\cos\theta = BIlD\cos\theta$〔N·m〕。

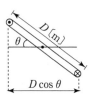

図 4.6

◈◈◈◈◈ **ステップ 1** ◈◈◈◈◈

□ **❶** 図 **4.7** のように，磁極間に置かれた導体に図に示す向きに電流が流れているとき，導体に働く電磁力の向きを（ア）〜（エ）から選びなさい。

ヒント **！**
フレミングの左手の法則で考える。

（ア）　①　　（イ）　②　　（ウ）　③　　（エ）　④

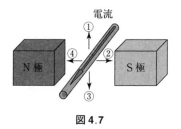

図 **4.7**

答 ＿＿＿＿＿＿＿＿＿

□ **❷** 図 **4.8**（a），（b）のように導体に電流を流したとき，どの向きに回転するか，正しい組み合わせをつぎのうちから選びなさい。

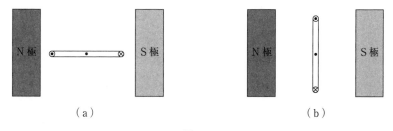

（a）　　　　　　　　　　（b）

図 **4.8**

（ア）　$\begin{pmatrix}（a）& 反時計方向 \\ （b）& 回らない\end{pmatrix}$　　　（イ）　$\begin{pmatrix}（a）& 反時計方向 \\ （b）& 時計方向\end{pmatrix}$

（ウ）　$\begin{pmatrix}（a）& 時計方向 \\ （b）& 反時計方向\end{pmatrix}$　　　（エ）　$\begin{pmatrix}（a）& 時計方向 \\ （b）& 回らない\end{pmatrix}$

答 ＿＿＿＿＿＿＿＿＿

◆◆◆◆◆◆　**ステップ　2**　◆◆◆◆◆◆

□**❶**　磁束密度 B が 0.5 T の平等磁界中に，長さ l が 40 cm の導体を置いた。これに 5 A の電流 I を流したとき，導体に働く電磁力 F 〔N〕を求めなさい。

ヒント！
　$F = BIl$ 〔N〕
に代入。
40 cm を m の単位にする。

答 $F =$ _____

□**❷**　10 cm の間隔 r に置かれた 2 本の長い平行導線に，2 A の同じ大きさの電流 I を流したところ，この導体 1 m あたりに生じる電磁力 f 〔N/m〕を求めなさい。

ヒント！
　$f = \dfrac{2I_1 I_2}{r} \times 10^{-7}$
　　　　　　〔N/m〕
に代入。
10 cm を m の単位にする。

答 $f =$ _____

4.4 電磁誘導作用

トレーニングのポイント

① 誘導起電力

（1）　$e = N \dfrac{\Delta \Phi}{\Delta t}$〔V〕（電磁誘導に関するファラデーの法則）

（e：誘導起電力〔V〕，N：コイルの巻数〔回〕，$\Delta \Phi$：磁束の変化量〔Wb〕，Δt：時間の変化量〔s〕）

（2）　**レンツの法則**　電磁誘導によって生じる誘導起電力は，コイルに生じる磁束の変化を妨げるような向きに生じる。

（3）　**フレミングの右手の法則**　右手の3本の指を直交させ，人差し指を磁束の向きに，親指を導体の運動の向きに一致させると，中指の示す向きに誘導起電力が生じる。

（4）　**誘導起電力の大きさ**

$$e = Blv \sin \theta \text{〔V〕}$$

（B：磁束密度〔T〕，l：導体の長さ〔m〕，v：導体の速度〔m/s〕，θ：磁界の向きと導体の運動する向きとの角度）

② インダクタンスと誘導起電力の関係

（1）　**自己誘導と自己インダクタンス**

$$e = -L \frac{\Delta I}{\Delta t} \text{〔V〕}, \quad L = \frac{N\Phi}{I} \text{〔H〕}$$

（e：自己誘導起電力〔V〕，L：自己インダクタンス〔H〕）

（2）　**相互誘導と相互インダクタンス**

$$e_2 = -N_2 \frac{\Delta \Phi}{\Delta t} = -M \frac{\Delta I_1}{\Delta t} \text{〔V〕}, \quad M = \frac{N_2 \Phi}{I_1} \text{〔H〕}$$

（e_2：相互誘導起電力〔V〕，N_2：二次コイルの巻数，M：相互インダクタンス〔H〕，ΔI_1：一次コイルの電流の変化量〔A〕）

③ 電磁エネルギー

$$W = \frac{1}{2} L I^2 \text{〔J〕}$$

|||||||||||| **例題** 1 |||||||||||||||||||||||||||||||||||||||||||||||||||||||||||||||||||||||||||||||||||||||||||||||||||||||

図 **4.9** のような鉄心に巻いた二つのコイル P，S がある。つぎの問に答えなさい。

（1） P コイルの電流を 0.1 秒間に 2 A 変化させたとき，P コイルには 10 V の誘導起電力が発生した。コイルの自己インダクタンス L〔H〕を求めなさい。

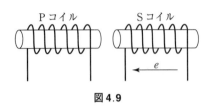

図 **4.9**

（2） （1）のとき S コイルに発生する誘導起電力 e〔V〕を求めなさい。ただし，P コイルの磁束はすべて S コイルを通過するものとし，両コイルの相互インダクタンス M〔H〕は 100 mH とする。

解答 （1） $e=L\dfrac{\Delta I}{\Delta t}$ から $L=e\dfrac{\Delta t}{\Delta I}=10\times\dfrac{0.1}{2}=0.5\,\mathrm{H}$

（2） $e_2=M\dfrac{\Delta I_1}{\Delta t}$ から $e_2\to e_S$，$\Delta I_1\to\Delta I_P$ として $e_S=M\dfrac{\Delta I_P}{\Delta t}=0.1\times\dfrac{2}{0.1}=2\,\mathrm{V}$

◆◆◆◆◆ **ステップ 1** ◆◆◆◆◆

□ **1** 磁極または導体を ① 〜 ④ の矢印の向きに運動させたとき，導体に図 **4.10**（a），（b）のように起電力が生じた。導体を運動させた向きを ① 〜 ④ で答えなさい。

ヒント！
図 2.10（a）はレンツの法則で磁束の変化を妨げる向きである。
図 2.11（b）はフレミングの右手の法則で考える。

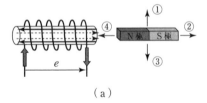

（a）

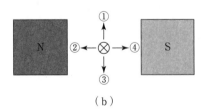

（b）

図 **4.10**

答 （a）_____ （b）_____

□ **2**　図 4.11（a）〜（c）において導体を矢印の向きに速度 v で動かしたとき，導体に生じる起電力の向きをフレミングの右手の法則によって求め，図中に示しなさい。

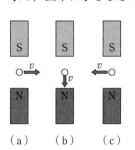

（a）　（b）　（c）

図 4.11

◆◆◆◆◆ **ステップ　2** ◆◆◆◆◆

□ **1**　巻数 N が 200 回のコイルを貫く磁束 Φ が，0.1 秒間に 0.03 Wb の割合で変化するとき，コイルに誘導される起電力の大きさ e〔V〕を求めなさい。

答　$e =$ _____

□ **2**　自己インダクタンス L が 100 mH のコイルがある。このコイルに流れる電流 I が 0.5 秒（Δt）の間に 2 A（ΔI）の電流が変化した。このときコイルに発生する誘導起電力 e〔V〕を求めなさい。

答　$e =$ _____

□ **3**　巻数 N が 200 回のコイルがある。これに 2 A の電流 I を流したところ，1×10^{-3} Wb の磁束 Φ が発生した。コイルの自己インダクタンス L〔mH〕を求めなさい。

答　$L =$ _____

◆◆◆◆◆ **ステップ 3** ◆◆◆◆◆

□ **1** 巻数 200 の P コイルと巻数 100 の S コイルがあり，それぞれのコイルの作る磁束のうち，80 %が相手側のコイルと鎖交する。P コイルに 0.2 秒間に 5 A の電流 I を流したとき，このコイルに 1×10^{-3} Wb の磁束 Φ が生じた。両コイル間の相互インダクタンス M〔mH〕を求めなさい。

〔答〕 $M=$ _____

□ **2** 前問で S コイルに発生する誘導起電力 e_2〔V〕を求めなさい。

〔答〕 $e_2=$ _____

ヒント！

$$M = \frac{N_2 \Phi}{I_1} \text{〔H〕}$$

から

$$M = \frac{N_S \Phi_P}{I_P} \text{〔H〕}$$

として考えるが，80 %が相手側コイルと鎖交するので

$$M = \frac{N_S \Phi_P{}'}{I_P} \text{〔H〕}$$

とする。
$\Phi_P{}'$は P コイルの磁束 Φ_P の 80 %であるので，$\Phi_P{}'=0.8\Phi_P$ として M を求める。

ヒント！

$$e_2 = M \frac{\Delta I_1}{\Delta t} \text{〔V〕}$$

を

$$e_2 = M \frac{\Delta I_P}{\Delta t} \text{〔V〕}$$

として求める。

5 交 流 回 路

5.1 正弦波交流の性質

例題 1

下式から（1）〜（5）の値を求めなさい。

$$v = 200 \sin\left(100\pi t + \frac{\pi}{3}\right) \ \text{〔V〕}$$

（1） 実効値　（2） 平均値　（3） 周波数　（4） 周期　（5） 初位相

解答

$$v = 200 \sin\left(100\pi t + \frac{\pi}{3}\right) = V_m \sin(\omega t + \varphi) \ \text{〔V〕}$$

とすると，$V_m = 200$，$\omega = 100\pi$，$\varphi = \dfrac{\pi}{3}$ であるので

（1）　実効値 $V = 0.707 V_m = 0.707 \times 200 = 141.4$ V

（2）　平均値 $V_{av} = 0.637 V_m = 0.637 \times 200 = 121.4$ V

（3）　周波数 $f = \dfrac{\omega}{2\pi} = \dfrac{100}{2\pi} = 50$ Hz

（4）　周期 $T = \dfrac{1}{f} = \dfrac{1}{50} = 0.02$ s

（5）　初位相 $\varphi = \dfrac{\pi}{3}$ 〔rad〕

||||||||||| 例題 2 |||||||||||||||||||||||||||||||||||||||||||||||||||||||||||||||||

つぎの二つの交流電圧がある。v_1 と v_2 の位相差を求めなさい。また，位相が進んでいるのは，どちらか求めなさい。

$$v_1 = V_m \sin(\omega t + 60°)\ \text{〔V〕}, \quad v_2 = V_m \sin(\omega t - 60°)\ \text{〔V〕}$$

【解答】

v_1，v_2 の初位相をそれぞれ φ_1，φ_2 とすると，$\varphi_1 = 60°$，$\varphi_2 = -60°$ で，$\varphi_1 > \varphi_2$ である。したがって
位相差 $= \varphi_1 - \varphi_2 = 60 - (-60) = 120°$　　位相が進んでいるのは v_1 である。

◆◆◆◆◆ ステップ 1 ◆◆◆◆◆

□ **1**　つぎの文の（　　　）に適切な語句や記号，数値を入れなさい。

（1）　時間とともに変化する電圧または電流を（　　　）①といい，中でも波形が正弦波状に変化するものを（　　　　　）②という。

（2）　交流では，電圧または電流の大きさや向きが，一定の時間間隔で変化する。この一つの変化に要する時間を（　　　）①といい，この変化が1秒の間に現れる回数を（　　　　）②という。周期の単位は（　　　）③，単位記号は（　　　）④，周波数の単位は（　　　）⑤，単位記号は（　　　）⑥である。

（3）　電力会社で発電されている交流の周波数を（　　　　　　）①といい，西日本地区では（　　　）②Hz，東日本地区では（　　　）③Hz となっている。

（4）　交流の1周期のうち，正の部分の波形と同じ面積の長方形の高さにあたる値を（　　　　　）①という。

（5）　交流電源と同じエネルギーとなる直流電源の大きさを（　　　　　）①という。

（6）　ラジアン（記号 rad）を単位とした角度の表し方を（　　　　　）①という。

（7）　磁界中を回転しているコイルが，1秒間に回転した角度を（　　　　　）①または（　　　）②という。

（8）　角周波数の単位は（　　　　　　　　　）①，単位記号は（　　　）②である。

（9）　正弦波交流の式　$v = V_m \sin(\omega t + \varphi)$ 〔V〕において，$(\omega t + \varphi)$ のことを（　　　　）①といい，特に，$t = 0$ のときの位相を（　　　　　　　）②という。

（10）　二つの交流の位相の差を（　　　　　　　）①という。この，位相差が0のときは，（　　　）②であるという。

◆◆◆◆◆ ステップ 2 ◆◆◆◆◆

□**1**　周期 T がつぎのとき，周波数 f 〔Hz〕を求めなさい。

（1）　20 ms　　（2）　500 μs

ヒント！
1 ms = 10^{-3} s
1 μs = 10^{-6} s

〔答〕　（1）　$f =$ ＿＿＿＿＿＿＿　（2）　$f =$ ＿＿＿＿＿＿＿

□**2**　周波数 f がつぎのとき，周期 T 〔μs〕と角周波数 ω 〔rad/s〕を求めなさい。

（1）　50 kHz　　（2）　4 MHz

ヒント！
1 kHz = 10^3 Hz
1 MHz = 10^6 Hz

〔答〕　（1）　$T =$ ＿＿＿＿＿，　$\omega =$ ＿＿＿＿＿＿＿

　　　　（2）　$T =$ ＿＿＿＿＿，　$\omega =$ ＿＿＿＿＿＿＿

□**3**　正弦波交流の最大値がつぎのとき，実効値と平均値を求めなさい。

（1）　100 V　　（2）　5 mA

〔答〕　（1）　＿＿＿＿＿＿＿＿＿，＿＿＿＿＿＿＿＿＿

　　　　（2）　＿＿＿＿＿＿＿＿＿，＿＿＿＿＿＿＿＿＿

□**4**　つぎの正弦波交流の電圧または電流を表す式を求めなさい。

（1）　最大値 17 V，周波数 200 Hz，初位相 $\dfrac{\pi}{3}$ 〔rad〕（進み）

（2）　実効値 5 A，周期 2 ms，初位相 $\dfrac{\pi}{6}$ 〔rad〕（遅れ）

ヒント！
実効値から最大値，周期から周波数を求める。

〔答〕　（1）　＿＿＿＿＿＿＿＿＿＿＿＿＿

　　　　（2）　＿＿＿＿＿＿＿＿＿＿＿＿＿

□ **5** つぎの交流電圧 v と交流電流 i について，（1）～（3）の問に答えなさい。

$$v = V_m \sin\left(\omega t + \frac{\pi}{4}\right) \ \text{〔V〕} \qquad i = I_m \sin\left(\omega t + \frac{\pi}{3}\right) \ \text{〔A〕}$$

（1）　v と i のそれぞれの初位相はいくらか。

（2）　v と i の位相差はいくらか。

（3）　位相が進んでいるのは，v と i のどちらか。

答　（1）_____　（2）_____　（3）_____

◆◆◆◆◆ **ステップ 3** ◆◆◆◆◆

□ **1**　**図5.1** の正弦波交流の波形から，（1）～（6）を求めなさい。

（1）　最大値 E_m 〔V〕　　（2）　実効値 E 〔V〕　　（3）　周期 T 〔s〕

（4）　周波数 f 〔Hz〕　　（5）　角周波数 ω 〔rad/s〕　　（6）　正弦波交流の式

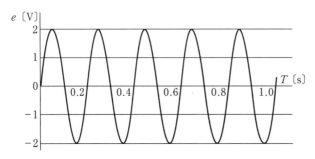

図5.1

答　（1）$E_m =$ _____　（2）$E =$ _____　（3）$T =$ _____

（4）$f =$ _____　（5）$\omega =$ _____　（6）_____

□ **2**　つぎの値から正弦波交流の式を求め，**図5.2** 中に波形を記入しなさい。

最大値 3 A，周波数 2 Hz，初位相 $\dfrac{\pi}{2}$ 〔rad〕

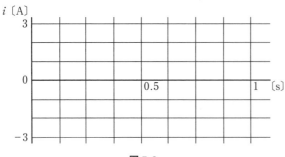

図5.2

答 _____

5.2 交流回路の取り扱い方

トレーニングのポイント

① 抵抗，コイル，コンデンサだけの回路（表5.2）

表5.2

	抵抗 R〔Ω〕	コイル L〔H〕	コンデンサ C〔F〕
リアクタンス X〔Ω〕	リアクタンスはなし	$X_L = 2\pi fL$ 誘導性	$X_C = \dfrac{1}{2\pi fC}$ 容量性
周波数 f と リアクタンス	f による影響はなし	X_L は f に比例	X_C は f に反比例
電圧基準時の 電流の位相	0 rad 同相 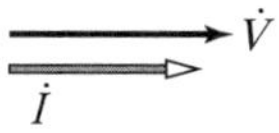	$\dfrac{\pi}{2}$〔rad〕遅れる 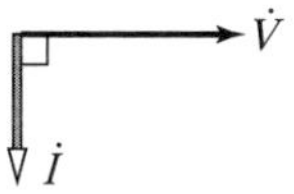	$\dfrac{\pi}{2}$〔rad〕進む 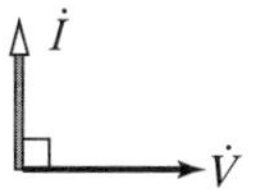

② R-L 直列回路，R-C 直列回路，R-L-C 直列回路（図5.3）

リアクタンス $X = |X_L - X_C|$

$X_L > X_C$ のとき誘導性，$X_L < X_C$ のとき容量性

インピーダンス $Z = \sqrt{R^2 + X^2} = \sqrt{R^2 + (X_L - X_C)^2}$

インピーダンス三角形

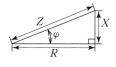

R-L 直列回路または
R-L-C 直列回路で
$X_L > X_C$ のとき

（a）

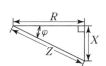

R-C 直列回路または
R-L-C 直列回路で
$X_L < X_C$ のとき

（b）

	$X_L > X_C$	$X_L < X_C$
リアクタンス	誘導性	容量性
電圧基準時の 電流の位相	遅れる	進む

（c）

図5.3

③ 共振周波数

$$f_r = \dfrac{1}{2\pi\sqrt{LC}}$$

||||||||||||||||||||　例題　1　||||||||||||||||||||||||||||||||||||||||||||||||||||||||||||||||||||||||||||||||||||

抵抗 8 Ω, 誘導リアクタンス 10 Ω, 容量リアクタンス 4 Ω の R-L-C 直列回路に, 交流電圧 20 V を加えた。このとき, （1）〜（6）の各値を求めなさい。

（1）　リアクタンス X〔Ω〕　　（2）　インピーダンス Z〔Ω〕　　（3）　電流 I〔A〕

（4）　抵抗にかかる電圧 V_R〔V〕　　（5）　コイルにかかる電圧 V_L〔V〕

（6）　コンデンサにかかる電圧 V_C〔V〕

解答

（1）　$X = X_L - X_C = 10 - 4 = 6\ \Omega$　　　$X_L > X_C$ なので誘導性である。

（2）　$Z = \sqrt{R^2 + X^2} = \sqrt{8^2 + 6^2} = 10\ \Omega$

（3）　$I = \dfrac{V}{Z} = \dfrac{20}{10} = 2\ \mathrm{A}$

（4）　$V_R = RI = 8 \times 2 = 16\ \mathrm{V}$

（5）　$V_L = X_L I = 10 \times 2 = 20\ \mathrm{V}$

（6）　$V_C = X_C I = 4 \times 2 = 8\ \mathrm{V}$

||||||||||||||||||||　例題　2　||||||||||||||||||||||||||||||||||||||||||||||||||||||||||||||||||||||||||||||||||||

抵抗 $R = 50\ \Omega$, コイルの誘導リアクタンス 25 Ω, コンデンサの容量リアクタンス 40 Ω の R-L-C 並列回路がある。交流電圧 200 V を加えたとき, 各素子を流れる電流の大きさ I_R, I_L, I_C〔A〕, 全電流 I〔A〕と合成アドミタンス Y〔mS〕を求めなさい。

解答

$I_R = \dfrac{V}{R} = \dfrac{200}{50} = 4\ \mathrm{A}$

$I_L = \dfrac{V}{X_L} = \dfrac{200}{25} = 8\ \mathrm{A}$

$I_C = \dfrac{V}{X_C} = \dfrac{200}{40} = 5\ \mathrm{A}$

$I = \sqrt{I_R^2 + (I_L - I_C)^2} = \sqrt{4^2 + (8-5)^2} = 5\ \mathrm{A}$

$Y = \dfrac{I}{V} = \dfrac{5}{200} = 0.025 = 25\ \mathrm{mS}$

◆◆◆◆◆ **ステップ 1** ◆◆◆◆◆

□ **❶** つぎの文の（　　　）に適切な語句や記号，数値を入れなさい。

（1）　抵抗 R だけの回路に正弦波交流 V〔V〕を加えたとき，流れた電流を I〔A〕とすると $I=$（　　　）①の関係がある。また，電流の位相は電圧と（　　　）②である。

（2）　インダクタンス L のコイルに周波数 f の正弦波交流を加えたときの誘導リアクタンス X_L は（　　　）①である。

（3）　静電容量 C のコンデンサに周波数 f の正弦波交流を加えたときの容量リアクタンス X_C は（　　　）①である。

（4）　誘導リアクタンスだけの回路に加えた交流電圧と，そのときに流れた電流との位相差は（　　　）①〔rad〕で，電流の位相は電圧より（　　　）②。

（5）　容量リアクタンスだけの回路に加えた交流電圧と，そのときに流れた電流との位相差は（　　　）①〔rad〕で，電流の位相は電圧より（　　　）②。

（6）　R-L 直列回路では電流の位相は電圧より（　　　）①。一方，R-C 直列回路では電流の位相は電圧より（　　　）②。

（7）　R-L-C 直列回路で，誘導リアクタンス X_L と容量リアクタンス X_C の関係が，$X_L > X_C$ のとき，リアクタンスは（　　　）①であるといい，$X_C > X_L$ のとき，リアクタンスは（　　　）②であるという。

（8）　インピーダンス Z の逆数 Y を（　　　）①といい，単位は（　　　）②，単位記号は（　　　）③である。

（9）　インダクタンス L のコイルと静電容量 C のコンデンサによる共振周波数は $f=$（　　　）①で求められる。

□ **❷** インダクタンス L が 200 mH のコイルに，周波数 $f=60$ Hz の交流を加えたとき，コイルの誘導リアクタンス X_L〔Ω〕を求めなさい。

ヒント！
$X_L = 2\pi f L$

答　$X_L =$ _____

□ **3** 静電容量 C が $10\,\mu\mathrm{F}$ のコンデンサに，周波数 $f=50\,\mathrm{Hz}$ の電圧を加
えたとき，このコンデンサの容量リアクタンス X_C 〔Ω〕を求めなさい。 $X_C = \dfrac{1}{2\,\pi f C}$

答 $X_C=$ _____

□ **4** 抵抗 $12\,\Omega$，誘導リアクタンス $5\,\Omega$ の R–L 直列回路がある。この回
路のインピーダンス Z 〔Ω〕を求めなさい。

答 $Z=$ _____

□ **5** 抵抗 $6\,\Omega$，容量リアクタンス $8\,\Omega$ の R–C 直列回路がある。この回路
のインピーダンス Z 〔Ω〕を求めなさい。

答 $Z=$ _____

□ **6** 抵抗 $24\,\Omega$，誘導リアクタンス $17\,\Omega$，容量リアクタンス $27\,\Omega$ の   ヒント !
R–L–C 直列回路がある。この回路のインピーダンス Z 〔Ω〕を求めな $Z = \sqrt{R^2 + X^2}$
さい。また，誘導性か容量性か答えなさい。 $= \sqrt{R^2 + (X_L - X_C)^2}$

答 $Z=$ _____ , _____

◆◆◆◆◆ ステップ 2 ◆◆◆◆◆

□ **1** 図 5.4（a）のような R–L 直列回路がある。（1）～（5）を求めなさい。

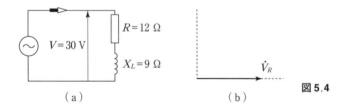

図 5.4

（1） インピーダンス Z 〔Ω〕

（2） 電流 I 〔A〕

（3） 抵抗にかかる電圧 V_R 〔V〕

（4） コイルにかかる電圧 V_L 〔V〕

（5） 図（b）に $\dot{V}_L$, $\dot{V}$, $\dot{I}$ のベクトル図を記入しなさい。

答 （1） $Z=$ _____ （2） $I=$ _____ （3） $V_R=$ _____
    （4） $V_L=$ _____

□ **❷** 図 **5.5**（a）のような R-C 直列回路がある。（1）～（5）を求めなさい。

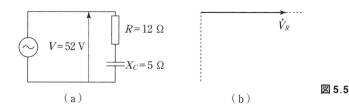

（a）　　　　　　　　　（b）　　　　　　　図 **5.5**

（1）　インピーダンス Z〔Ω〕

（2）　電流 I〔A〕

（3）　抵抗にかかる電圧 V_R〔V〕

（4）　コンデンサにかかる電圧 V_C〔V〕

（5）　図（b）に $\dot{V}_C$, $\dot{V}$, $\dot{I}$ のベクトル図を記入しなさい。

答　（1）　$Z=$ ＿＿＿＿＿＿　（2）　$I=$ ＿＿＿＿＿＿

　　（3）　$V_R=$ ＿＿＿＿＿＿　（4）　$V_C=$ ＿＿＿＿＿＿

□ **❸** 図 **5.6**（a）のような R-L-C 直列回路がある。（1）～（7）を求めなさい。

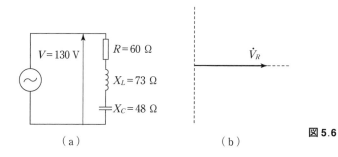

（a）　　　　　　　　　（b）　　　　　　　図 **5.6**

（1）　リアクタンス X〔Ω〕

（2）　インピーダンス Z〔Ω〕

（3）　電流 I〔A〕

（4）　抵抗にかかる電圧 V_R〔V〕

（5）　コイルにかかる電圧 V_L〔V〕

（6）　コンデンサにかかる電圧 V_C〔V〕

（7）　図（b）に $\dot{V}_L$, $\dot{V}_C$, $\dot{V}$ のベクトル図を記入しなさい。

答　（1）　$X=$ ＿＿＿＿＿　（2）　$Z=$ ＿＿＿＿＿　（3）　$I=$ ＿＿＿＿＿

　　（4）　$V_R=$ ＿＿＿＿＿　（5）　$V_L=$ ＿＿＿＿＿　（6）　$V_C=$ ＿＿＿＿＿

□ **4** 図 5.7（a）のような *R-L-C* 並列回路がある。（1）〜（6）を求めなさい。

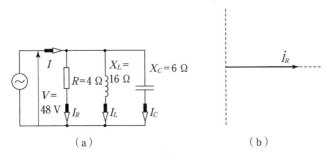

（a）　　　　　　　　　（b）

図 5.7

（1）　抵抗に流れる電流 I_R〔A〕

（2）　コイルに流れる電流 I_L〔A〕

（3）　コンデンサに流れる電流 I_C〔A〕

（4）　電源から流れる電流 I〔A〕

（5）　合成アドミタンス Y〔mS〕

（6）　図（b）に $\dot{I}_L,\ \dot{I}_C,\ \dot{I}$ のベクトル図を記入しなさい。

答 　（1）$I_R=$＿＿＿＿＿＿　（2）$I_L=$＿＿＿＿＿＿　（3）$I_C=$＿＿＿＿＿＿

　　　（4）$I=$＿＿＿＿＿＿　（5）$Y=$＿＿＿＿＿＿

□ **5** *R-L-C* 直列回路において，$R=7\,\Omega$，$L=40\,\text{mH}$，$C=0.633\,\mu\text{F}$ である。この回路の共振周波数 f_r〔kHz〕を求めなさい。

答 　$f_r=$＿＿＿＿＿＿＿

◈◈◈◈◈ ステップ 3 ◈◈◈◈◈

☐ **1** 図 5.8 のように交流回路の中の 1 点において，流入する電流 i が二つに分岐して流出している。流出する電流が以下のとき，流入する電流 i の式を求めなさい。

ヒント !
ベクトル図を書き，和を求める。

$$i_1 = 7.07 \sin\left(\omega t + \frac{\pi}{3}\right) \ \text{[A]}$$

$$i_2 = 7.07 \sin\left(\omega t - \frac{\pi}{3}\right) \ \text{[A]}$$

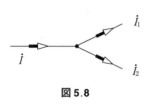

図 5.8

[答] ＿＿＿＿＿＿＿＿＿＿

☐ **2** ある回路に 400 V，100 Hz の正弦波交流電圧を加えたとき，電流 8 A が流れた。つぎの問に答えなさい。

（1） この回路の負荷が抵抗であったとする。この抵抗 R 〔Ω〕を求めなさい。

（2） この回路の負荷がコイルであったとする。このコイルのインダクタンス L 〔mH〕を求めなさい。

（3） この回路の負荷がコンデンサであったとする。このコンデンサの静電容量 C 〔μF〕を求めなさい。

[答] （1） $R=$＿＿＿＿＿＿＿ （2） $L=$＿＿＿＿＿＿＿
（3） $C=$＿＿＿＿＿＿＿

☐ **3** あるコンデンサに 100 V，50 Hz の正弦波交流を加えたとき，電流 5 A が流れた。このコンデンサに同じ電圧で 60 Hz の正弦波交流を加えたときの電流 I 〔A〕を求めなさい。

[答] $I=$＿＿＿＿＿＿＿

5.3　交流回路の電力

トレーニングのポイント

① 交流電力にはつぎの三つがある。

有効電力　　$P = VI \cos \varphi$ 〔W〕

皮相電力　　$S = VI$ 〔V・A〕

無効電力　　$Q = VI \sin \varphi$ 〔var〕

これらの間には**図 5.9** のような三角形の関係がある。

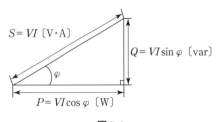

$S = VI$ 〔V・A〕

$Q = VI \sin \varphi$ 〔var〕

φ

$P = VI \cos \varphi$ 〔W〕

図 5.9

この角度 φ から，力率 $\cos \varphi$，無効率 $\sin \varphi$ が求められる。

━━━━━━　**例題** 1 ━━━━━━

　ある交流回路に 100 V を加えたとき，回路に 2.5 A の電流が流れ，消費された有効電力は 240 W であった。このときの皮相電力 S 〔V・A〕，無効電力 Q 〔var〕，力率 $\cos \varphi$，無効率 $\sin \varphi$ を求めなさい。

解答

$S = VI = 100 \times 2.5 = 250 \ \text{V・A}$

$\cos \varphi = \dfrac{P}{S} = \dfrac{240}{250} = 0.96 \ （96\,\%）$

$\sin \varphi = \sqrt{1 - \cos^2 \varphi} = \sqrt{1 - 0.96^2} = 0.28 \ （28\,\%）$

$Q = VI \sin \varphi = 100 \times 2.5 \times 0.28 = 70 \ \text{var}$

◆◆◆◆◆ **ステップ　1** ◆◆◆◆◆

□**1**　つぎの文の（　　　）に適切な語句や記号，数値を入れなさい。

（1）　交流回路において，実際に消費される電力を（　　　　　　）①といい，直流と同様
に単位は（　　　　　　）②で表される。これに対し，電圧と電流の積は見かけ上の電力で，
（　　　　　）③といい，単位は（　　　　　　　）④で表される。交流回路においてコイ
ルやコンデンサによって，むだに消費される電力を（　　　　　）⑤といい，単位は
（　　　　　）⑥で表される。

（2）　皮相電力のうち，有効電力の割合を（　　　　）①という。負荷が抵抗だけのときは力率
は（　　　　）②であるが，負荷にコイルが使われているときは1より（　　　　）③くなる。

◆◆◆◆◆ **ステップ　2** ◆◆◆◆◆

□**1**　力率80％の交流回路がある。この回路で消費された有効電力が640 Wであった。この回
路の皮相電力 S〔V·A〕と無効電力 Q〔var〕を求めなさい。

答 $S=$ 　　　　　，$Q=$ 　　　　　

□**2**　ある交流回路に100 Vを加えたところ，5 Aの電流が流れた。この回路の力率が70％のと
き，有効電力 P〔W〕，無効電力 Q〔var〕，皮相電力 S〔V·A〕を求めなさい。

答 $P=$ 　　　　，$Q=$ 　　　　，$S=$ 　　　　

□**3**　R–L直列回路において，有効電力と無効電力が等しかった。このときの電圧と電流の位相
差 φ〔rad〕を求めなさい。

答 $\varphi=$

□ **4** R-L 直列回路がある。$V = 100\,\mathrm{V}$, $R = 24\,\Omega$, $X_L = 7\,\Omega$ のとき, つぎ
の各値を求めなさい。

（1） インピーダンス Z〔Ω〕　　（2） 電流 I〔A〕

（3） 力率 $\cos\varphi$　　（4） 無効率 $\sin\varphi$　　（5） 皮相電力 S〔V・A〕

（6） 有効電力 P〔W〕　　（7） 無効電力 Q〔var〕

　　㊐ （1） $Z =$ ＿＿＿＿＿＿＿＿　（2） $I =$ ＿＿＿＿＿＿＿＿

　　　　（3） $\cos\varphi =$ ＿＿＿＿＿　（4） $\sin\varphi =$ ＿＿＿＿＿

　　　　（5） $S =$ ＿＿＿＿＿＿＿＿　（6） $P =$ ＿＿＿＿＿＿＿＿

　　　　（7） $Q =$ ＿＿＿＿＿＿＿＿

□ **5** R-C 直列回路がある。$V = 370\,\mathrm{V}$, $R = 35\,\Omega$, $X_C = 12\,\Omega$ のとき, つ
ぎの各値を求めなさい。

（1） インピーダンス Z〔Ω〕　　（2） 電流 I〔A〕

（3） 力率 $\cos\varphi$　　（4） 無効率 $\sin\varphi$

（5） 皮相電力 S〔kV・A〕　　（6） 有効電力 P〔kW〕

（7） 無効電力 Q〔kvar〕

　　㊐ （1） $Z =$ ＿＿＿＿＿＿＿＿　（2） $I =$ ＿＿＿＿＿＿＿＿

　　　　（3） $\cos\varphi =$ ＿＿＿＿＿　（4） $\sin\varphi =$ ＿＿＿＿＿

　　　　（5） $S =$ ＿＿＿＿＿＿＿＿　（6） $P =$ ＿＿＿＿＿＿＿＿

　　　　（7） $Q =$ ＿＿＿＿＿＿＿＿

□ **6** 図 **5.10** のような R-L-C 並列回路がある。（1）〜（3）を求めなさ
い。

（1） 力率 $\cos\varphi$

（2） 有効電力 P〔kW〕

（3） 無効電力 Q〔kvar〕

ヒント！
L と C における無効
電力は打ち消し合う。

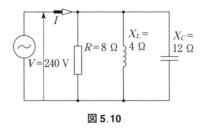

図 5.10

　　㊐ （1） $\cos\varphi =$ ＿＿＿＿＿　（2） $P =$ ＿＿＿＿＿＿＿＿

　　　　（3） $Q =$ ＿＿＿＿＿＿＿＿

5.4　複　素　数

①　複素数の四則計算

$$(a+jb)+(c+jd)=(a+c)+j(b+d)$$

$$(a+jb)-(c+jd)=(a-c)+j(b-d)$$

$$(a+jb)(c+jd)=ac-bd+j(ad+bc)$$

$$\frac{a+jb}{c+jd}=\frac{ac+bd}{c^2+d^2}+j\frac{bc-ad}{c^2+d^2}$$

②　複素数の実部，虚部と極座標表示の絶対値，偏角の間の関係（図5.11，図5.12）

$$\begin{cases} a=X\cos\theta \\ b=X\sin\theta \end{cases}$$

$$\begin{cases} X=\left|\dot{X}\right|=\sqrt{a^2+b^2} \\ \theta=\tan^{-1}\dfrac{b}{a} \end{cases}$$

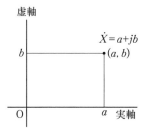

図5.11　複素平面

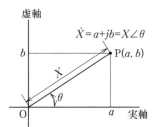

図5.12　極座標表示

③　極座標表示された複素数の積と商

$\dot{X}=X\angle\alpha,\ \dot{Y}=Y\angle\beta$ とすると

$$\dot{X}\dot{Y}=XY\angle(\alpha+\beta)$$

$$\frac{\dot{X}}{\dot{Y}}=\frac{X}{Y}\angle(\alpha-\beta)$$

||||||||||| 例題 1 |||||||||||||||||||||||||||||||||||||||||||||||||||||||||||||||||||||||||||||||

複素数 $\dot{X} = 9 + j12$ を極座標表示で求めなさい。

解答

$\dot{X} = 9 + j12 = a + jb$ とすると，$a = 9$，$b = 12$ である。

$$X = \sqrt{a^2 + b^2} = \sqrt{9^2 + 12^2} = 15$$

$$\theta = \tan^{-1}\frac{b}{a} = \tan^{-1}\frac{12}{9} = 0.927 \text{ rad}$$

したがって，$\dot{X} = 15\angle0.927 \text{ rad}$ となる。

||||||||||| 例題 2 |||||||||||||||||||||||||||||||||||||||||||||||||||||||||||||||||||||||||||||||

極座標表示された複素数 $\dot{Y} = 12\angle\dfrac{\pi}{3}$ の実部，虚部を求めなさい。

解答

実部　$a = X\cos\theta = 12\cos\dfrac{\pi}{3} = 6$

虚部　$b = X\sin\theta = 12\sin\dfrac{\pi}{3} = 10.4$

◇◇◇◇◇ ステップ 1 ◇◇◇◇◇

□ **1**　つぎの文の（　　　）に適切な語句や記号，数値を入れなさい。

（1）　実数と虚数を合わせて，$a + jb$ のように表す数を（　　　　　）①といい，この a を
（　　　）②，b を（　　　）③という。この j を（　　　　　）④といい，$j^2 = $（　　　）⑤で
ある。ある複素数 $a + jb$ に対し，$a - jb$ のように虚部の符号が異なる複素数を
（　　　　　）⑥という。

（2）　複素数を絶対値と偏角で表すことを（　　　　　）①表示という。

（3）　複素数の積 $\dot{X} = \dot{A}\dot{B}$ とする。$\dot{X}$ の絶対値は $\dot{A}$，$\dot{B}$ の各絶対値の（　　　）①，偏角は
各偏角の（　　　）②である。

（4）　複素数の商 $\dot{X} = \dfrac{\dot{A}}{\dot{B}}$ とする。$\dot{Y}$ の絶対値は $\dot{A}$，$\dot{B}$ の各絶対値の（　　　）①，偏角は各
偏角の（　　　）②である。

□ **2** つぎの複素数の計算をしなさい。

（1） $j(5-j7)$

（2） $(2+j3)\times(2-j3)$

ヒント !
$j^2=-1$ である。

ヒント !
共役複素数の積は実数となる。

答 （1）＿＿＿＿＿＿＿ （2）＿＿＿＿＿＿＿

◆◇◆◇◆ **ステップ 2** ◆◇◆◇◆

□ **1** つぎの複素数の計算をしなさい。

（1） $(1.4+j8)+(0.6-j15)$

（2） $(7+j1.3)-(9-j0.8)$

（3） $(0.9+j0.8)\times(2-j7)$

（4） $(62-j10)\div(3+j7)$

答 （1）＿＿＿＿＿＿＿ （2）＿＿＿＿＿＿＿

（3）＿＿＿＿＿＿＿ （4）＿＿＿＿＿＿＿

□ **2** つぎの複素数を極座標表示で表しなさい。

（1） $5+j12$

（2） $1.41-j1.41$

答 （1）＿＿＿＿＿＿＿ （2）＿＿＿＿＿＿＿

□ **3** 極座標表示されたつぎの複素数の実部，虚部を求めなさい。

（1） $8\angle\dfrac{\pi}{3}$ （2） $5\angle-\dfrac{\pi}{4}$

答 （1）＿＿＿＿＿＿＿ （2）＿＿＿＿＿＿＿

□ **4** つぎの複素数の計算をし，極座標表示で求めなさい。

（1） $\left(7\angle-\dfrac{\pi}{3}\right)\times\left(0.5\angle\dfrac{\pi}{2}\right)$ （2） $\left(18\angle\dfrac{\pi}{2}\right)\div\left(2\angle\dfrac{\pi}{4}\right)$

答 （1）＿＿＿＿＿＿＿ （2）＿＿＿＿＿＿＿

5.5　記号法による交流回路の取り扱い

トレーニングのポイント

① 交流回路のオームの法則

$$\dot{I} = \frac{\dot{V}}{\dot{Z}}, \quad \dot{V} = \dot{Z}\dot{I}, \quad \dot{Z} = \frac{\dot{V}}{\dot{I}}$$

② 抵抗，コイル，コンデンサだけの回路（**表5.3**）

表5.3

	抵抗 R 〔Ω〕	コイル L 〔H〕	コンデンサ C 〔F〕
インピーダンス $\dot{Z}$ 〔Ω〕	$\dot{Z} = R$	$\dot{Z} = j\omega L = jX_L$	$\dot{Z} = -j\dfrac{1}{\omega C} = -jX_C$
電圧基準時の電流の位相	0 rad 同相	$\dfrac{\pi}{2}$ 〔rad〕遅れる	$\dfrac{\pi}{2}$ 〔rad〕進む

例題　1

ある回路に電圧 $\dot{V} = 625$ V を加えたところ，電流 $\dot{I} = 24 - j7$ 〔A〕が流れた。この回路のインピーダンス $\dot{Z}$ 〔Ω〕を求めなさい。また，誘導性か容量性か答えなさい。

解　答

$$\dot{Z} = \frac{\dot{V}}{\dot{I}} = \frac{625}{24 - j7} = \frac{625(24 + j7)}{24^4 + 7^2} = 24 + j7 \ 〔Ω〕$$

虚数部が正であるので，このインピーダンスは誘導性である。

◈◈◈◈◈ **ステップ　1** ◈◈◈◈◈

□ **1**　つぎの文の（　　）に適切な語句や記号を入れなさい。

（1）　交流の電圧，電流，インピーダンスなどを複素数で表示し，交流回路の計算を行う方法を（　　　　）①という。

（2）　インピーダンスについては，抵抗 R を実部，リアクタンス X を虚部として $\dot{Z} =$ （　　　　）①のように表す。これを（　　　　　）②という。

（3）　インダクタンスだけの回路では複素インピーダンスは $\dot{Z} =$ （　　　　）①となる。

（4）　静電容量だけの回路では複素インピーダンスは $\dot{Z}$ = (　　　　　　　)① となる。

（5）　R–L–C 直列回路のインピーダンスは $\dot{Z}$ = (　　　　　　　)① となる。この虚部が正のときは（　　　　　　）②，負のときは（　　　　　　）③ である。このインピーダンスの大きさは Z = (　　　　　　)④ である。

◈◈◈◈◈ ステップ 2 ◈◈◈◈◈

□ ❶　ある交流回路に $\dot{Z}_1 = 6 + j8$ 〔Ω〕と $\dot{Z}_2 = 8 + j6$ 〔Ω〕の二つのインピーダンスが直列に接続されている。合成インピーダンス $\dot{Z}$ を求めなさい。

答 $\dot{Z}$ = ＿＿＿＿＿＿＿＿

□ ❷　ある抵抗 R に加えた交流電圧が $21 - j42$ 〔V〕のとき，流れた電流が $3 - j6$ 〔A〕であった。つぎの問に答えなさい。

（1）　電圧と電流のそれぞれの初位相と両者の位相差を求めなさい。

答 電圧の初位相＝＿＿＿＿＿＿，電流の初位相＝＿＿＿＿＿＿，位相差＝＿＿＿＿＿＿

（2）　この抵抗 R 〔Ω〕の値を求めなさい。

答 R = ＿＿＿＿＿＿＿＿

□ ❸　誘導リアクタンスが $30\,Ω$ のコイルがある。つぎの問に答えなさい。

（1）　このコイルに加えた電圧 $\dot{V}$ が $120\,V$ のとき，流れた電流 $\dot{I}$ 〔A〕を求めなさい。

答 $\dot{I}$ = ＿＿＿＿＿＿＿＿

（2）　このコイルに流れた電流 $\dot{I}$ が $8\,A$ のとき，加えた電圧 $\dot{V}$ 〔V〕を求めなさい。

答 $\dot{V}$ = ＿＿＿＿＿＿＿＿

□ **4** 容量リアクタンスが $70\,\Omega$ のコンデンサがある。つぎの問に答えなさい。

（1）　このコンデンサに加えた電圧 $\dot{V}$ が $210\,\mathrm{V}$ のとき，流れた電流 $\dot{I}$〔A〕を求めなさい。

答 $\dot{I} =$＿＿＿＿＿＿＿＿

（2）　このコンデンサに流れた電流 $\dot{I}$ が $8\,\mathrm{A}$ のとき，加えた電圧 $\dot{V}$〔V〕を求めなさい。

答 $\dot{V} =$＿＿＿＿＿＿＿＿

□ **5** 抵抗 $24\,\Omega$，誘導リアクタンス $27\,\Omega$，容量リアクタンス $37\,\Omega$ が直列接続されている。つぎの問に答えなさい。

（1）　合成インピーダンス $\dot{Z}$ の大きさ Z〔Ω〕を求めなさい。

答 $Z =$＿＿＿＿＿＿＿＿

（2）　この回路に電圧 $52\,\mathrm{V}$ を加えたとき，流れた電流 $\dot{I}$ の大きさ I〔A〕を求めなさい。

答 $I =$＿＿＿＿＿＿＿＿

❖❖❖❖❖ ステップ 3 ❖❖❖❖❖

□ **1** ある R-L-C 直列回路に電圧 $\dot{V} = 120\,\mathrm{V}$ を加えたとき，電流 $\dot{I} = 18 - j24$〔A〕が流れた。つぎの問に答えなさい。

（1）　電流 $\dot{I}$ の大きさ I〔A〕を求めなさい。

答 $I =$＿＿＿＿＿＿＿＿

（2）　合成インピーダンス $\dot{Z}$ の大きさ Z〔Ω〕を求めなさい。

答 $Z =$＿＿＿＿＿＿＿＿

□ **2** ある交流回路に加えた電圧と流れた電流がつぎの式のようであった。(1)〜(3)の問に答えなさい。

$$v = 40\sqrt{2}\sin\left(\omega t + \frac{\pi}{6}\right) \ \text{〔V〕}$$

$$i = 4\sqrt{2}\sin\left(\omega t - \frac{\pi}{3}\right) \ \text{〔A〕}$$

(1) v と i のそれぞれの実効値と初位相を求めなさい。

〔答〕 v 実効値：　　　　　，初位相：

　　　 i 実効値：　　　　　，初位相：

(2) v と i を複素数で表しなさい。

〔答〕　　　　　　　　　，

(3) この交流回路のインピーダンス Z を複素数で求めなさい。また，このインピーダンスは誘導性か容量性か答えなさい。

〔答〕 $\dot{Z} =$ 　　　　　　　，

5.6 三 相 交 流

トレーニングのポイント

①　対称三相交流の各相の起電力の関係

$$e_a = \sqrt{2}\,E\sin\omega t \ \text{〔V〕}$$

$$e_b = \sqrt{2}\,E\sin\left(\omega t - \frac{2}{3}\pi\right) \ \text{〔V〕}$$

$$e_c = \sqrt{2}\,E\sin\left(\omega t - \frac{4}{3}\pi\right) \ \text{〔V〕}$$

下式は上記の式を極座標表示したものである。

$$\dot{E}_a = E\angle 0 \ \text{〔V〕}$$

$$\dot{E}_b = E\angle -\frac{2}{3}\pi \ \text{〔V〕}$$

$$\dot{E}_c = E\angle -\frac{4}{3}\pi \ \text{〔V〕}$$

②　三相電力　　1相あたりの電力を P_1，線間電圧 V_l，線電流 I_l，相電圧 V_p，相電流 I_p とすると

$$P = 3P_1 = 3V_p I_p \cos\varphi = \sqrt{3}\,V_l I_l \cos\varphi \ \text{〔W〕}$$

③　結線方式と電圧と電流の関係　　線間電圧 V_l，線電流 I_l，相電圧 V_p，相電流 I_p とする。

（1）　Y 結線

$$V_l = \sqrt{3}\,V_p, \quad I_l = I_p$$

（2）　△ 結線

$$V_l = V_p, \quad I_l = \sqrt{3}\,I_p$$

④　Y－△ 結線間の負荷インピーダンスの変換式

（1）　Y 結線から △ 結線へ

$$Z_\Delta = 3Z_Y$$

（2）　△ 結線から Y 結線へ

$$Z_Y = \frac{Z_\Delta}{3}$$

|||||||||| **例題** 1 ||||||||||||||||||||||||||||||||||||||||||||||||||||||||||||||||||||

　電源および負荷ともに Y 結線の三相交流回路がある。線間電圧が 200 V，線電流が 2.3 A，力率 $\cos\varphi = 0.8$ のとき，相電圧 V_p〔V〕，相電流 I_p〔A〕，1 相あたりのインピーダンス Z〔Ω〕，三相電力 P〔W〕を求めなさい。

解答

$$I_p = I_l = 2.3 \text{ A}$$

$$V_p = \frac{V_l}{\sqrt{3}} = \frac{200}{\sqrt{3}} = 115 \text{ V}$$

$$Z = \frac{V_p}{I_p} = \frac{115}{2.3} = 50 \text{ Ω}$$

$$P = 3V_p I_p \cos\varphi = 3 \times 115 \times 2.3 \times 0.8 = 635 \text{ W}$$

|||||||||| **例題** 2 ||||||||||||||||||||||||||||||||||||||||||||||||||||||||||||||||||||

　電源および負荷ともに Δ 結線の対称三相回路がある。線間電圧が 115 V，線電流が 5 A，力率 $\cos\varphi = 0.6$ のとき，相電圧 V_p〔V〕，相電流 I_p〔A〕，1 相あたりのインピーダンス Z〔Ω〕，三相電力 P〔W〕を求めなさい。

解答

$$V_p = V_l = 115 \text{ V}$$

$$I_p = \frac{I_l}{\sqrt{3}} = \frac{5}{\sqrt{3}} = 2.89 \text{ A}$$

$$Z = \frac{V_p}{I_p} = \frac{115}{2.89} = 40 \text{ Ω}$$

$$P = 3V_p I_p \cos\varphi = 3 \times 115 \times 2.89 \times 0.6 = 598 \text{ W}$$

◆◆◆◆◆ ステップ 1 ◆◆◆◆◆

□ **1**　つぎの文の（　　　）に適切な語句や記号，数値を入れなさい。

（1）　たがいに位相差が $\frac{2}{3}\pi$〔rad〕ずつあり，大きさと周波数が等しい三相交流を（　　　　　　）①という。

（2）　対称な三相交流起電力の和は（　　　）①である。

（3）　三相交流の電源と負荷をつなぐ 3 本の線の間の電圧を（　　　　　）①といい，各線に流れる電流を（　　　　　）②という。また，電源や負荷の 1 相の電圧を（　　　　　　）③，電流を（　　　　）④という。

（4）　三相回路の結線方法には（　　　　　）①と（　　　　　　）②がある。また，各相の負荷のインピーダンスが等しいとき（　　　　　　　）③という。

◆◇◆◇◆◇ **ステップ 2** ◆◇◆◇◆◇

□ **1** 三相交流回路において，電源と負荷の間の線間電圧が 86.6 V，線電流が 4.33 A であった。つぎの問に答えなさい。

（1） 負荷が Y 結線であった。相電圧 V_p〔V〕と相電流 I_p〔A〕を求めなさい。

〔答〕 $V_p =$ ＿＿＿＿＿ , $I_p =$ ＿＿＿＿＿

（2） 負荷が Δ 結線であった。相電圧 V_p〔V〕と相電流 I_p〔A〕を求めなさい。

〔答〕 $V_p =$ ＿＿＿＿＿ , $I_p =$ ＿＿＿＿＿

□ **2** 三相交流において，負荷 1 相分にかかる電圧が 200 V，電流が 3.46 A，負荷の力率は 80 % であった。つぎの問に答えなさい。

（1） 負荷が Y 結線であった。線間電圧 V_l〔V〕と線電流 I_l〔A〕，三相電力 P〔kW〕を求めなさい。

〔答〕 $V_l =$ ＿＿＿＿＿ , $I_l =$ ＿＿＿＿＿ , $P =$ ＿＿＿＿＿

（2） 負荷が Δ 結線であった。線間電圧 V_l〔V〕と線電流 I_l〔A〕，三相電力 P〔kW〕を求めなさい。

〔答〕 $V_l =$ ＿＿＿＿＿ , $I_l =$ ＿＿＿＿＿ , $P =$ ＿＿＿＿＿

□ **3** 図 5.13（a），（b）の各相のインピーダンスはすべて 27 Ω とする。Y 結線を Δ 結線に，Δ 結線を Y 結線に変換した場合，変換後の各相のインピーダンスを求めなさい。

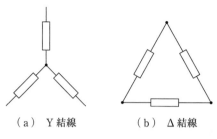

（a）Y 結線　　（b）Δ 結線

図 5.13

答 （a）$Z_\Delta =$ ＿＿＿＿＿　（b）$Z_Y =$ ＿＿＿＿＿

□ **4** 8 Ω の抵抗が Y 結線されている。つぎの問に答えなさい。

（1）この回路を等価な Δ 結線にしたい。このときの抵抗 Z_Δ〔Ω〕の値を求めなさい。

答 $Z_\Delta =$ ＿＿＿＿＿

（2）この Δ 結線に線間電圧 72 V を加えたときの相電流 I_p〔A〕を求めなさい。

答 $I_p =$ ＿＿＿＿＿

□ **5** 9 Ω の抵抗が Δ 結線されている。つぎの問に答えなさい。

（1）この回路を等価な Y 結線にしたい。このときの抵抗 Z_Y〔Ω〕の値を求めなさい。

答 $Z_Y =$ ＿＿＿＿＿

（2）　このY結線に線電流 36 A が流れたときの相電圧 V_p〔V〕を求めなさい。

答　$V_p =$ _____

◆◆◆◆◆ **ステップ　3** ◆◆◆◆◆

□ **1**　抵抗とコイルを**図5.14**のように接続し，線間電圧が 200 V の三相交流を加えた。抵抗は 3 本とも 4 Ω，コイルの誘導リアクタンスは 3 本とも 3 Ω とする。つぎの値を求めなさい。

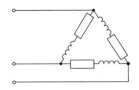

図 5.14

（1）　相電圧 V_p〔V〕

（2）　相電流 I_p〔A〕

（3）　線電流 I_l〔A〕

答　（1）　$V_p =$ _____　（2）　$I_p =$ _____

　　（3）　$I_l =$ _____

□ **2**　抵抗とコイルを**図5.15**のように接続し，線間電圧が 160 V の三相交流を加えた。抵抗は 3 本とも 6 Ω，コイルの誘導リアクタンスは 3 本とも 2 Ω とする。つぎの値を求めなさい。

ヒント！
Δ 結線部分を Y 結線に変換する。

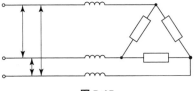

図 5.15

（1）　相電圧 V_p〔V〕

（2）　相電流 I_p〔A〕

（3）　線電流 I_l〔A〕

答　（1）　$V_p =$ _____　（2）　$I_p =$ _____

　　（3）　$I_l =$ _____

6 各種の波形

6.1 非正弦波交流

トレーニングのポイント

① **非正弦波交流の成り立ち**

非正弦波交流＝直流分＋基本波＋高調波

② **非正弦波交流の実効値**

V_0 を直流分，V_1 を基本波の実効値，V_2, V_3, $\cdots$, V_n を各高調波の実効値とすると，非正弦波交流の実効値は，つぎの式で表すことができる。

$$V = \sqrt{V_0^2 + V_1^2 + V_2^2 + \cdots + V_n^2} \ \text{〔V〕}$$

③ **ひずみ率**

$$k = \frac{\text{高調波全体の実効値}}{\text{基本波の実効値}} = \frac{\sqrt{V_2^2 + V_3^2 + \cdots + V_n^2}}{V_1}$$

④ **波形率と波高率**

$$\text{波形率} = \frac{\text{実効値}}{\text{平均値}}, \quad \text{波高率} = \frac{\text{最大値}}{\text{実効値}}$$

|||||| **例題** 1 ||||||

$v = 50\sqrt{2}\sin\omega t + 10\sqrt{2}\sin 2\omega t + 2\sqrt{2}\sin 4\omega t$ 〔V〕で表すことができる非正弦波交流電圧の実効値とひずみ率を求めなさい。

解答

実効値　$\sqrt{50^2 + 10^2 + 2^2} = \sqrt{2\,604} = 51.0\ \text{V}$

ひずみ率　$k = \dfrac{\sqrt{10^2 + 2^2}}{50} = \dfrac{\sqrt{104}}{50} = 0.204$

◆◆◆◆◆ **ステップ 1** ◆◆◆◆◆

□ **1** つぎの文の（　　　）に適切な語句を入れなさい。

（1）波形が正弦波でない交流を（　　　　　）①交流または（　　　　　）②交流という。

（2）非正弦波交流は（　　　　　）①と（　　　　　）②と（　　　　　）③を合成した波形で

表すことができる。

（3） 非正弦波交流が正弦波に対してどの程度ひずんでいるかを表すのに（　　　　）①を
用いる。また，波形の平坦さや波形の鋭さを知る目安として（　　　　）②や
（　　　　）③を用いる。

□ **2**　最大値が 120 V，実効値が 100 V，平均値が 90 V の非正弦波交流波形の波形率と波高率を
求めなさい。

答 波形率：　　　　　， 波高率：

◆◆◆◆◆ ステップ 2 ◆◆◆◆◆

□ **1**　実効値が 100 V で波形率が 1.16，波高率が 1.73 の非正弦波交流の
最大値と平均値を求めなさい。

> ヒント！
>
> $$波形率 = \frac{実効値}{平均値}$$
>
> $$波高率 = \frac{最大値}{実効値}$$

答 最大値：　　　　　， 平均値：

□ **2**　つぎの非正弦波交流波形を作図しなさい。

（1）　$i = 10 \sin \omega t + 5 \sin 2\omega t$ 〔A〕

（2）　$v = 30 \sin \omega t + 10 \sin 3\omega t$ 〔V〕

> ヒント！
>
> 正弦波交流の瞬時値の
> 式は
> $$v = E_m \sin \omega t \ \text{〔V〕}$$
> この E_m は最大値を表
> している。

> ヒント！
>
> 最大値 E_m と実効値 E
> の関係は
> $$E = \frac{E_m}{\sqrt{2}} \ \text{〔V〕}$$

□ **3**　つぎの非正弦波交流について各値を求めなさい。

$$v = 50\sqrt{2} \sin \omega t + 10\sqrt{2} \sin 2\omega t + 2\sqrt{2} \sin 4\omega t \ \text{〔V〕}$$

（1）　高調波の実効値 V_h〔V〕

答 $V_h =$

（2）　非正弦波交流電圧の実効値 V〔V〕

答 $V =$

（3）　ひずみ率 k

答 $k =$

6.2 過 渡 現 象

トレーニングのポイント

① **過渡現象**　ある定常状態から別の定常状態に変化するまでの時間を過渡期間といい，この間に起こる現象を過渡現象という。

② **時定数**　時定数は過渡現象の変化の速さを知る目安

R-C 直列回路　　$\tau = RC$〔s〕

R-L 直列回路　　$\tau = \dfrac{L}{R}$〔s〕

③ **パルス波**　**図 6.1** のようなパルス波において

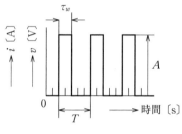

図 6.1

振幅 A　　　　パルス幅 τ_w〔s〕

周期 T〔s〕　　周波数 $f = \dfrac{1}{T}$〔Hz〕

衝撃係数 $\dfrac{\tau_w}{T}$

|||||||| **例題** 　1 ||||||||

図 6.2 の回路において時定数とスイッチ S を閉じた後の定常電流を求めなさい。

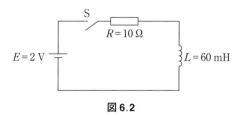

図 6.2

【解答】

この回路は R-L 直列回路なので，時定数は

$$\tau = \frac{L}{R} = \frac{60 \times 10^{-3}}{10} = 6 \times 10^{-3} = 6 \text{ ms}$$

定常状態では L の影響は無関係になるので定常電流は

$$I = \frac{E}{R} = \frac{2}{10} = 0.2 \text{ A}$$

◆◆◆◆◆ **ステップ 1** ◆◆◆◆◆

□ **1** 抵抗 $R = 200 \text{ k}\Omega$ と静電容量 $C = 50 \text{ μF}$ のコンデンサを直列に接続したときの時定数 τ 〔s〕を求めなさい。

〔答〕 $\tau =$ _____

□ **2** 図 **6.3** の回路の中で微分回路と積分回路はどの回路か答えなさい。

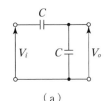 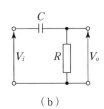 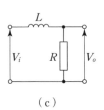 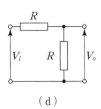

（a）   （b）   （c）   （d）

図 **6.3**

〔答〕 微分回路： _____ ，積分回路： _____

□ **3** 図 **6.4** のパルス波の衝撃係数，周期〔ms〕，周波数〔Hz〕を求めなさい。

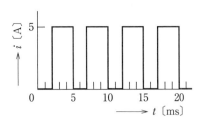

図 **6.4**

〔答〕 衝撃係数： _____ ，周期： _____ ，周波数： _____

7 電気計測

7.1 測定の基本と測定量の取り扱い

トレーニングのポイント

① **誤 差** 測定値を M, 真の値を T とすると, 誤差・誤差率・誤差百分率は

誤差 $\varepsilon = M - T$

誤差率 $= \dfrac{\varepsilon}{T}$

誤差百分率 $= \dfrac{\varepsilon}{T} \times 100$ 〔%〕

② **誤差の種類**

（1）**間違い** 読み違いや記録違いなど, 不注意により生じる誤差

（2）**系統誤差** 測定器や測定条件, 測定者のくせにより生じる誤差

（3）**偶然誤差** 測定条件の変動や測定者の注意力の動揺により偶然に生じる誤差

③ **測定の基準** 電気に関する単位量は, いろいろな単位で適当な量を表す標準器を測定の基準としている。

例題 1

1 級, 最大目盛 30 V の電圧計で電圧を測定したとき, 25 V を指示した。この電圧の真の値の範囲を求めなさい。

解 答

1 級の小形携帯用計器の許容差は最大目盛値の±1 % なので, 真の値の範囲は指示値±許容差となる。

この場合, 許容差が

$$25 \pm 30 \times \frac{1}{100} = 25 \pm 0.3 \, \text{V}$$

となり, 真の値は 24.7 ～ 25.3 V の範囲となる。

◈◈◈◈◈ **ステップ 1** ◈◈◈◈◈

□**1** つぎの文の（　　）に適切な語句を入れなさい。

測定値に含まれる誤差には，（　　　　　　　）①，（　　　　　　　）②，（　　　　　　　）③がある。

◈◈◈◈◈ **ステップ 2** ◈◈◈◈◈

□**1** 表7.1は，ある測定により得られた結果である。各測定値の誤差と誤差百分率を求め，表7.1を完成させなさい。

表7.1

測定値 M	真の値 T	誤　差 ε	誤差百分率〔%〕
15.0	14.8	①	②
38.2	38.7	③	④
57.6	56.9	⑤	⑥

答　① _____　② _____

　　③ _____　④ _____

　　⑤ _____　⑥ _____

□**2** 2級，最大目盛30 Aの電流計で電流を測定したとき，20 Aを指示した。この電流の真の値の範囲を求めなさい。

ヒント！
例題にあり。

答 _____ ～ _____

7.2 電気計測の基礎

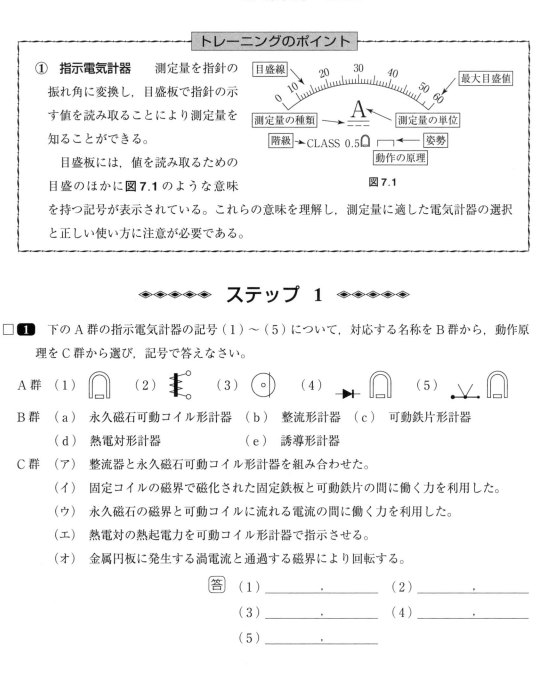

トレーニングのポイント

① **指示電気計器**　測定量を指針の振れ角に変換し，目盛板で指針の示す値を読み取ることにより測定量を知ることができる。

目盛板には，値を読み取るための目盛のほかに**図7.1**のような意味を持つ記号が表示されている。これらの意味を理解し，測定量に適した電気計器の選択と正しい使い方に注意が必要である。

図7.1

◇◇◇◇◇ **ステップ 1** ◇◇◇◇◇

□ **1**　下のA群の指示電気計器の記号（1）～（5）について，対応する名称をB群から，動作原理をC群から選び，記号で答えなさい。

A群　（1）　（2）　（3）　（4）　（5）

B群　（a）　永久磁石可動コイル形計器　（b）　整流形計器　（c）　可動鉄片形計器

（d）　熱電対形計器　　　　　　　（e）　誘導形計器

C群　（ア）　整流器と永久磁石可動コイル形計器を組み合わせた。

（イ）　固定コイルの磁界で磁化された固定鉄板と可動鉄片の間に働く力を利用した。

（ウ）　永久磁石の磁界と可動コイルに流れる電流の間に働く力を利用した。

（エ）　熱電対の熱起電力を可動コイル形計器で指示させる。

（オ）　金属円板に発生する渦電流と通過する磁界により回転する。

答　（1）＿＿＿＿＿，＿＿＿＿　（2）＿＿＿＿＿，＿＿＿＿

（3）＿＿＿＿＿，＿＿＿＿　（4）＿＿＿＿＿，＿＿＿＿

（5）＿＿＿＿＿，＿＿＿＿

7.3 基礎量の測定

〔1〕 回路計（テスタ）による計測

トレーニングのポイント

① **抵抗値の測定**   回路計の倍率が M，指針の指示した値が A のとき，抵抗値は

   抵抗値 $= M \times A$

② **電圧・電流の測定**   測定可能で指針が最も大きく振れるレンジに切り替え，最大目盛値と読み取る目盛を確認し，指針の指示した値を読み取り，レンジから測定単位を確認し測定する。

―――――― 例題 1 ――――――

テスタで測定をしたとき，**図 7.2** のような指示となった。

測定レンジが抵抗の ×1 k のときの抵抗値を求めなさい。また，測定レンジが直流電圧，最大目盛 12 V のときの測定値を答えなさい。

図 7.2

解答

① 抵抗値   Ω（抵抗）の目盛から指示した値は 15 であるから

   $R = 15 \times 10^3 = 15$ kΩ

② 直流電圧   最大目盛 12 の目盛から指示した値は 7 であるから，   直流電圧 7 V

◆◆◆◆◆ ステップ 1 ◆◆◆◆◆

□ **1** テスタで抵抗を測定したとき，倍率が 100，指針の指示した値が 26 であった。この抵抗の値を求めなさい。

ヒント！
トレーニングのポイントにあり。補助単位を使う。

答＿＿＿＿＿＿＿＿＿＿

◆◇◆◇◆◇◆ **ステップ 2** ◆◇◆◇◆◇◆

□**１**　テスタで測定をしたとき，図6.2のような指示となった。

　測定レンジが抵抗の×10のときの抵抗値を求めなさい。また，測定レンジが交流電圧，最大目盛300 Vのときの測定値を答えなさい。

ヒント！

目盛は，抵抗は右から，電圧・電流は左から読む。

[答]　抵抗値 =　　　　　　　　　，交流電圧 =

〔2〕　**オシロスコープによる波形観測**

>

> **トレーニングのポイント**

>
>
> ①　**オシロスコープによる電圧，周期の測定**　図**7.3**に示す波形を，垂直感度 A〔V/div〕，掃引時間 B〔s/div〕で観測したとき，観測波形の電圧と周期は
>
> 　　　電圧 $= A \times y$　〔V〕
>
> 　　　周期 $= B \times x$　〔s〕
>
>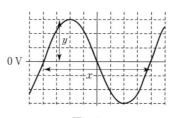
>
> 図 7.3

――――――　**例題**　**1**　――――――

　オシロスコープで，垂直感度 2 V/div，掃引時間 1 ms/div で，図**7.4**のような正弦波交流電圧を観測した。① 最大電圧 V_m〔V〕，② 周期 T〔ms〕を求めなさい。

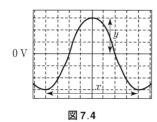

図**7.4**

解答

① 最大電圧 V_m, 垂直感度 $2\,\mathrm{V/div}$, 波形の最大目盛が 3 目盛であるから

$$V_m = 2 \times 3 = 6\,\mathrm{V}$$

② 周期 T, 掃引時間 $1\,\mathrm{ms/div}$, 1 周期が 8 目盛であるから

$$T = 1 \times 10^{-3} \times 8\,\mathrm{s} = 8\,\mathrm{ms}$$

❖❖❖❖❖ ステップ 1 ❖❖❖❖❖

□ **1** オシロスコープで, 垂直感度 $5\,\mathrm{V/div}$, 掃引時間 $0.2\,\mathrm{ms/div}$ で, 図 **7.5** のような正弦波交流電圧を観測した。最大電圧 V_m 〔V〕, 実効値電圧 V 〔V〕, 周期 T 〔ms〕, 周波数 f 〔kHz〕を求めなさい。

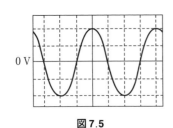

図 **7.5**

ヒント !

トレーニングのポイントを参考に 1 周期を見つける。

$$V = \frac{V_m}{\sqrt{2}}, \quad f = \frac{1}{T}$$

答 $V_m =$ _____ , $V =$ _____ , $T =$ _____ , $f =$ _____

ステップの解答

1. 電気回路の要素

1.1 電気回路の電流・電圧・抵抗
ステップ　1

1　（1）　①　電源　　②　負荷
　　　（2）　①　直流　　②　交流
　　　（3）　①　電子　　②　自由電子
　　　（4）　①　導体　　②　絶縁体
　　　　　　③　半導体
　　　（5）　①　電荷　　②　I
　　　　　　③　アンペア　　④　A
　　　　　　⑤　クーロン　　⑥　C
　　　（6）　①　電位　　②　電位差　　③　V
　　　　　　④　ボルト　　⑤　V
　　　　　　⑥　起電力
　　　（7）　①　抵抗　　②　R　　③　オーム
　　　　　　④　Ω
　　　（8）　①　比例　　②　反比例　　③　V
　　　　　　④　R　　⑤　A　　⑥　R
　　　　　　⑦　I　　⑧　V　　⑨　V
　　　　　　⑩　I　　⑪　Ω

ステップ　2

1　$I = 0.2\,\text{A}$

2　$V = 40\,\text{V}$

3　$R = 50\,\Omega$

4　①　0.25　　②　80　　③　0.3
　　　④　0.5　　⑤　5 000　　⑥　2 000 000
　　　⑦　0.1　　⑧　500　　⑨　700
　　　⑩　0.001　　⑪　0.003, -3
　　　⑫　0.000 002, -6　　⑬　1 000, 3
　　　⑭　500, 2　　⑮　15 000 000, 7

5　$I = 5\,\text{mA}$

6　$V = 100\,\text{V}$

7　$R = 20\,\text{k}\Omega$

ステップ　3

1　解図 1.1 参照。

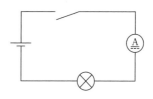

解図 1.1

2　$I = 0.12\,\text{A}$

3　$R_1 = 250\,\Omega$
　　　$R_2 = 500\,\Omega$
　　　$R_3 = 2\,\text{k}\Omega$

4　$I = 62.5\,\text{mA}$

5　$V_a = 6\,\text{V}$,　$V_b = -12\,\text{V}$,　$V_c = 5\,\text{V}$,
　　　$V_d = 3\,\text{V}$,　$V_{ac} = 1\,\text{V}$,　$V_{bd} = 15\,\text{V}$

1.2　抵抗の性質
ステップ　1

1　（1）　①　長さ　　②　比例
　　　　　　③　反比例
　　　（2）　①　抵抗率　　②　ρ
　　　　　　③　オームメートル　　④　Ω·m
　　　（3）　①　ρ　　②　l　　③　A
　　　（4）　①　4
　　　（5）　①　$\dfrac{1}{8}$
　　　（6）　①　導電率
　　　　　　②　ジーメンス毎メートル
　　　（7）　①　増加　　②　サーミスタ
　　　　　　③　減少　　④　抵抗温度係数

2　（1）　①　$\dfrac{1}{10}$　　②　$\dfrac{1}{1\,000}$　　③　-3
　　　（2）　①　100　　②　1 000　　③　3
　　　（3）　①　$\dfrac{1}{100}$　　②　$\dfrac{1}{10^6}$　　③　-6
　　　（4）　①　10^4　　②　10^6　　③　6

ステップ 2

1 $R = 1.08\,\text{m}\Omega$

2 $R = 2.63\,\Omega$

3 $l = 7.9\,\text{m}$

4 $R = 2.4\,\Omega$

5 4.5 倍

6 16.89 Ω

ステップ 3

1 （1） $\rho = 1.07 \times 10^{-6}\,\Omega\cdot\text{m}$

（2） $l = 4.67\,\text{m}$

（3） $\sigma = 9.26 \times 10^{5}\,\text{S}/\text{m}$

2 $R = 2.39\,\Omega$

3 $\alpha_{t1} = 3.67 \times 10^{-3}\,\text{℃}^{-1}$

4 $\alpha_t = 3.93 \times 10^{-3}\,\text{℃}^{-1}$

5 （a） $1\,\text{k}\Omega \pm 5\,\%$ （b） $680\,\text{k}\Omega \pm 10\,\%$

2. 直 流 回 路

2.1 直流回路の計算

ステップ 1

1 （1） ① $R_1 \cdot R_2$ ② $R_1 + R_2$

（2） ① $\dfrac{R}{n}$

（3） ① 直列抵抗器

（4） ① 分流器

（5） ① 電流 ② 流入する

③ 和

（6） ① 電圧 ② 起電力

③ 電圧降下

（7） ① 一 ② 二

③ 電流の向き

2 （a） $120\,\Omega$ （b） $16\,\Omega$

（c） $40\,\Omega$ （d） $36\,\Omega$

（e） $48\,\Omega$

ステップ 2

1 （1） $R = 72\,\Omega$ （2） $I = 0.5\,\text{A}$

（3） $V_1 = 7.5\,\text{V}$, $V_2 = 13.5\,\text{V}$, $V_3 = 15\,\text{V}$

2 （1） $R = 120\,\Omega$ （2） $V_3 = 10\,\text{V}$

3 （1） $R = 20\,\Omega$

（2） $I = 5\,\text{A}$, $I_1 = 2.5\,\text{A}$, $I_2 = 2\,\text{A}$,

$I_3 = 0.5\,\text{A}$

4 $R_1 = 60\,\text{k}\Omega$

5 （1） $V = 48\,\text{V}$

（2） $I_2 = 30\,\text{mA}$, $I_3 = 15\,\text{mA}$

（3） $R_2 = 1.6\,\text{k}\Omega$

6 （1） $I = 0.6\,\text{A}$

（2） $I_1 = 0.45\,\text{A}$, $I_2 = 0.15\,\text{A}$

7 （1） $I = 0.4\,\text{A}$

（2） $V_{bc} = 20\,\text{V}$

8 $R_x = 750\,\Omega$

9 （1） $R = 60\,\Omega$

（2） $I_1 = 0.15\,\text{A}$, $I_2 = 0.2\,\text{A}$

10 $R_m = 180\,\text{k}\Omega$

11 120 V

12 $R_s = 1.25\,\Omega$

13 33.75 mA

14 $I_1 = 1\,\text{A}$（電流の向き：逆）, $I_2 = 3\,\text{A}$,
$I_3 = 4\,\text{A}$

15 $I_1 = 1.2\,\text{A}$, $I_2 = 1\,\text{A}$（電流の向き：逆）,
$I_3 = 0.2\,\text{A}$, $V_{ab} = 4\,\text{V}$

ステップ 3

1 （a） $R = 22.4\,\text{k}\Omega$, （b） $R = 37.5\,\Omega$

2 （1） $I_1 = 0.6\,\text{A}$

（2） $R = 140\,\Omega$

3 （1） 55 V

（2） $R_2 = 12\,\Omega$

4 $R = 140\,\Omega$

5 $I_1 = 0.7\,\text{A}$, $I_2 = 0.25\,\text{A}$, $I_3 = 0.45\,\text{A}$,
解図 2.1 参照。

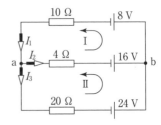

解図 2.1

6 $I = 0.5\,\text{A}$, $E = 24\,\text{V}$, $R = 16\,\Omega$

2.2 電力とジュール熱

ステップ 1

1 （1） ① 電力 ② ワット

③ W ④ V ⑤ I

⑥　VI　⑦　RI^2　⑧　V^2

⑨　R

（2）①　電力量　②　ジュール

③　J　④　1時間　⑤　P

⑥　t

（3）①　ジュール熱　②　ジュール

③　J　④　RI^2t

（4）①　4.2

（5）①　ジュール熱　②　許容電流

（6）①　ヒューズ　②　配線用遮断器

ステップ　2

1　（1）　$R=30\,\Omega$

（2）　$I_1=2\,A$，$I_2=0.8\,A$，$I_3=1.2\,A$

（3）　$P_1=96\,W$，$P_2=9.6\,W$，

$P_3=14.4\,W$，$P=120\,W$

2　（1）　$R=16.7\,\Omega$　（2）　$W=1.73\times10^7\,J$

3　1.56 倍

4　$W=1.53\times10^7\,J$

$W=4.25\,kW\cdot h$

5　16.7 h

6　$H=1.5\times10^6\,J$

7　$H=3.36\times10^5\,J$

8　（1）　$H=6.0\times10^5\,J$　（2）　38.6 ℃

ステップ　3

1　$P=400\,W$

2　$P=1.08\,kW$

3　（1）　$H=3\times10^5\,J$　（2）　48.1 ℃

2.3　電流の化学作用と電池

ステップ　1

1　（1）①　電離　②　電解質

③　電解液

（2）①　Na^+　②　Cl^-

③　電気分解

（3）①　化学反応　②　電気

③　一次　④　二次

（4）①　放電　②　充電

（5）①　鉛蓄電池　②　電流

③　時間　④　A・h

（6）①　二酸化炭素（CO_2）

②　環境　③　太陽　④　燃料

（7）①　光

（8）①　水素　②　酸素

（9）①　ゼーベック効果　②　熱電対

（10）①　ペルチエ効果　②　電子冷却

ステップ　2

1　（1）　$W=24.2\,g$　（2）　$W=7.1\,g$

（3）　$W=5.1\,g$

2　$Q=8\,943\,C$

3　$t=596\,s$（9分56秒）

4　14 h

3.　静　電　気

3.1　静　電　現　象

ステップ　1

1　（1）①　帯電　②　静電気

（2）①　負　②　正　③　静電誘導

（3）①　電界　②　電界の大きさ

③　ボルト毎メートル

④　V/m

2　$F=1.5\times10^{-4}\,N$

3　解図 3.1 参照。

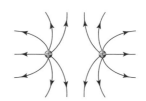

（a）　正の2電荷のとき

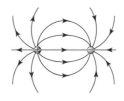

（b）　正負2電荷のとき

解図 3.1

ステップ　2

1　$F=105\,N$

2　$Q=83.3\,\mu C$

3　0.333 m

3.2 コンデンサと静電容量

ステップ 1

1 （a） $C = 5\,\mu\text{F}$

（b） $C = 3.6\,\mu\text{F}$

2 $Q = 60\,\mu\text{C}$

3 $V = 5\,\text{V}$

ステップ 2

1 （a） $1.8\,\mu\text{F}$

（b） $1.2\,\mu\text{F}$

2 2.5 倍

3 $W = 12\,\text{mJ}$

4 $W = 1\,\text{mJ}$

ステップ 3

1 （1） $V_1 = 8\,\text{V}$

（2） $V_2 = 12\,\text{V}$

（3） $C_3 = 4\,\mu\text{F}$

（4） $W = 0.72\,\text{mJ}$

4. 電流と磁気

4.1 磁 気

ステップ 1

1 解図 **4.1** 参照。

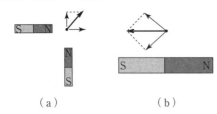

（a）　　　　　　　　（b）

解図 4.1

ステップ 2

1 $F = 2.03\,\text{N}$

2 $F = 16 \times 10^{-4}\,\text{N}$

3 $B = 1.6\,\text{T}$

ステップ 3

1 $r = 35.6\,\text{cm}$

2 $m = 2.40 \times 10^{-4}\,\text{Wb}$

4.2 電流の磁気作用

ステップ 1

1 解図 **4.2** 参照。

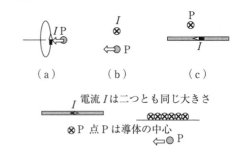

（a）　　　　　（b）　　　　　（c）

電流 I は二つとも同じ大きさ

⊗P 点 P は導体の中心

（d）　　　　　　　　（e）

解図 4.2

ステップ 2

1 $H = 3.98\,\text{A/m}$

2 $B = 1.57 \times 10^{-5}\,\text{T}$

3 $F_m = 1\,\text{kA}$

4 $R_m = 3.98 \times 10^5\,\text{H}^{-1}$

ステップ 3

1 $F = 800\,\text{A}$

2 $R_m = \dfrac{\pi r}{A}\left(\dfrac{1}{\mu_1} + \dfrac{1}{\mu_2}\right)\,[\text{H}^{-1}]$

4.3 磁界中の電流に働く力

ステップ 1

1 （ア）

2 （エ）

ステップ 2

1 $F = 1\,\text{N}$

2 $f = 80 \times 10^{-7}\,\text{N/m}$

4.4 電磁誘導作用

ステップ 1

1 （a） ④　　（b） ①

2 解図4.3参照。

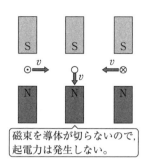

磁束を導体が切らないので，
起電力は発生しない。

解図4.3

ステップ 2
1 $e = 60\,\text{V}$
2 $e = 0.4\,\text{V}$
3 $L = 100\,\text{mH}$

ステップ 3
1 $M = 16\,\text{mH}$
2 $e_2 = 0.4\,\text{V}$

5. 交 流 回 路

5.1 正弦波交流の性質
ステップ 1
1 （1）① 交流　② 正弦波交流
（2）① 周期　② 周波数
　　　③ 秒　④ s　⑤ ヘルツ
　　　⑥ Hz
（3）① 商用周波数　② 60
　　　③ 50
（4）① 平均値
（5）① 実効値
（6）① 弧度法
（7）① 角周波数　② 角速度
（8）① ラジアン毎秒　② rad/s
（9）① 位相　② 初位相
（10）① 位相差　② 同相

ステップ 2
1 （1）$f = 50\,\text{Hz}$　（2）$f = 2\,\text{kHz}$
2 （1）$T = 20\,\mu\text{s}$, $\omega = 3.14 \times 10^5\,\text{rad/s}$
（2）$T = 0.25\,\mu\text{s}$, $\omega = 2.51 \times 10^7\,\text{rad/s}$
3 （1）$V = 70.7\,\text{V}$, $V_{av} = 63.7\,\text{V}$

（2）$I = 3.54\,\text{mA}$, $I_{av} = 3.18\,\text{mA}$

4 （1）$v = 17\sin\left(400\pi t + \dfrac{\pi}{3}\right)\,\text{[V]}$

（2）$i = 5\sin\left(1\,000\pi t - \dfrac{\pi}{6}\right)\,\text{[A]}$

5 （1）$v : \dfrac{\pi}{4}\,\text{[rad]}\,(45°)$, $i : \dfrac{\pi}{3}\,\text{[rad]}\,(60°)$

（2）$\dfrac{\pi}{12}\,\text{[rad]}\,(15°)$

（3）電流 i である

ステップ 3
1 （1）$E_m = 2\,\text{V}$　（2）$E = 1.41\,\text{V}$
（3）$T = 0.2\,\text{s}$　（4）$f = 5\,\text{Hz}$
（5）$\omega = 10\pi\,\text{[rad/s]}$
（6）$e = 1.41\sin 10\pi t\,\text{[V]}$

2 $i = 3\sin\left(4\pi t + \dfrac{\pi}{2}\right)\,\text{[A]}$, **解図5.1**参照。

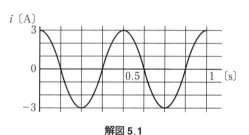

解図5.1

5.2 交流回路の取り扱い方
ステップ 1
1 （1）① $\dfrac{V}{R}$　② 同相

（2）① $2\pi f L$

（3）① $\dfrac{1}{2\pi f C}$

（4）① $\dfrac{\pi}{2}$　② 遅れる

（5）① $\dfrac{\pi}{2}$　② 進む

（6）① 遅れる　② 進む

（7）① 誘導性　② 容量性

（8）① アドミタンス
　　　② ジーメンス　③ S

（9）① $\dfrac{1}{2\pi\sqrt{LC}}$

2 $X_L = 75.4\,\Omega$

3 $X_C = 318\,\Omega$

4 $Z = 13\,\Omega$

5 $Z = 10\,\Omega$

6 $Z = 26\,\Omega$，容量性

ステップ 2

1 （1）　$Z = 15\,\Omega$　　（2）　$I = 2\,\mathrm{A}$

　　（3）　$V_R = 24\,\mathrm{V}$　　（4）　$V_L = 18\,\mathrm{V}$

　　（5）　**解図5.2** 参照。

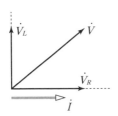

解図5.2

2 （1）　$Z = 13\,\Omega$　　（2）　$I = 4\,\mathrm{A}$

　　（3）　$V_R = 48\,\mathrm{V}$　　（4）　$V_C = 20\,\mathrm{V}$

　　（5）　**解図5.3** 参照。

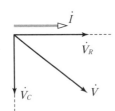

解図5.3

3 （1）　$X = 25\,\Omega$　　（2）　$Z = 65\,\Omega$

　　（3）　$I = 2\,\mathrm{A}$　　（4）　$V_R = 120\,\mathrm{V}$

　　（5）　$V_L = 146\,\mathrm{V}$　　（6）　$V_C = 96\,\mathrm{V}$

　　（7）　**解図5.4** 参照。

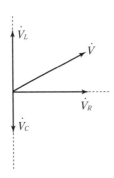

解図5.4

4 （1）　$I_R = 12\,\mathrm{A}$　　（2）　$I_L = 3\,\mathrm{A}$

　　（3）　$I_C = 8\,\mathrm{A}$　　（4）　$I = 13\,\mathrm{A}$

　　（5）　$Y = 271\,\mathrm{mS}$

　　（6）　**解図5.5** 参照。

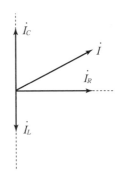

解図5.5

5 $f_r = 1.00\,\mathrm{kHz}$

ステップ 3

1 $i = 7.07\sin \omega t\,\mathrm{[A]}$

2 （1）　$R = 50\,\Omega$　　（2）　$L = 79.6\,\mathrm{mH}$

　　（3）　$C = 31.8\,\mathrm{\mu F}$

3 $I = 6\,\mathrm{A}$

5.3　交流回路の電力

ステップ 1

1 （1）　①　有効電力　　②　ワット

　　　　　③　皮相電力　　④　ボルトアンペア

　　　　　⑤　無効電力　　⑥　バール

　　（2）　①　力率　　②　1　　③　小さ

ステップ 2

1 $S = 800\,\mathrm{V \cdot A}$，　$Q = 480\,\mathrm{var}$

2 $P = 350\,\mathrm{W}$，　$Q = 357\,\mathrm{var}$，　$S = 500\,\mathrm{V \cdot A}$

3 $\varphi = \dfrac{\pi}{4}\,\mathrm{[rad]}$

4 （1）　$Z = 25\,\Omega$　　（2）　$I = 4\,\mathrm{A}$

　　（3）　$\cos\varphi = 0.96\,(96\,\%)$

　　（4）　$\sin\varphi = 0.28$　　（5）　$S = 400\,\mathrm{V \cdot A}$

　　（6）　$P = 384\,\mathrm{W}$

　　（7）　$Q = 112\,\mathrm{var}$

5 （1）　$Z = 37\,\Omega$　　（2）　$I = 10\,\mathrm{A}$

　　（3）　$\cos\varphi = 0.946\,(94.6\,\%)$

　　（4）　$\sin\varphi = 0.324$

　　（5）　$S = 3.7\,\mathrm{kV \cdot A}$

（6）$P = 3.5\,\mathrm{kW}$

（7）$Q = 1.2\,\mathrm{kvar}$

6（1）$\cos\varphi = 0.6$　（2）$P = 7.2\,\mathrm{kW}$

（3）$Q = 9.6\,\mathrm{kvar}$

5.4　複　素　数

ステップ　1

1（1）①　複素数　②　実部

③　虚部　④　虚数単位

⑤　−1　⑥　共役複素数

（2）①　極座標

（3）①　積　②　和

（4）①　商　②　差

2（1）$7 + j5$　（2）13

ステップ　2

1（1）$2.0 - j7$　（2）$-2 + j2.1$

（3）$7.4 - j4.7$　（4）$2 - j8$

2（1）$13\angle 1.18\,\mathrm{rad}$

（2）$2\angle -\dfrac{\pi}{4}\,\mathrm{(rad)}$

3（1）$4 + j6.93$　（2）$3.54 - j3.54$

4（1）$3.5\angle \dfrac{\pi}{6}$　（2）$9\angle \dfrac{\pi}{4}$

5.5　記号法による交流回路の取り扱い

ステップ　1

1（1）①　記号法

（2）①　$R + jX$

②　複素インピーダンス

（3）①　jX_L

（4）①　$-jX_C$

（5）①　$R + j(X_L - X_C)$　②　誘導性

③　容量性

④　$Z = \sqrt{R^2 + \left(X_L - X_C\right)^2}$

ステップ　2

1　$\dot{Z} = 14 + j14$

2（1）電圧の初位相 $= -0.464\,\mathrm{rad}$,

電流の初位相 $= -0.464\,\mathrm{rad}$,

位相差 $= 0\,\mathrm{rad}$

（2）$R = 7\,\Omega$

3（1）$\dot{I} = -j4\,\mathrm{(A)}$

（2）$\dot{V} = j240\,\mathrm{(V)}$

4（1）$\dot{I} = j3\,\mathrm{(A)}$

（2）$\dot{V} = -j560\,\mathrm{(V)}$

5（1）$Z = 26\,\Omega$　（2）$I = 2\,\mathrm{A}$

ステップ　3

1（1）$I = 30\,\mathrm{A}$　（2）$Z = 4\,\Omega$

2（1）v　実効値：$40\,\mathrm{V}$, 初位相：$\dfrac{\pi}{6}\,\mathrm{(rad)}$

i　実効値：$4\,\mathrm{A}$, 初位相：$-\dfrac{\pi}{3}\,\mathrm{(rad)}$

（2）$\dot{V} = 40\angle \dfrac{\pi}{6}$, $\dot{I} = 4\angle -\dfrac{\pi}{3}$

（3）$\dot{Z} = 10\angle \dfrac{\pi}{2}\,\mathrm{(\Omega)}$, 誘導性

5.6　三　相　交　流

ステップ　1

1（1）①　対称三相交流

（2）①　零

（3）①　線間電圧　②　線電流

③　相電圧　④　相電流

（4）①　Y 結線　②　Δ 結線

③　平衡三相負荷

ステップ　2

1（1）$V_p = 115\,\mathrm{V}$, $I_p = 4.33\,\mathrm{A}$

（2）$V_p = 86.6\,\mathrm{V}$, $I_p = 2.5\,\mathrm{A}$

2（1）$V_l = 346\,\mathrm{V}$, $I_l = 3.46\,\mathrm{A}$,

$P = 1.66\,\mathrm{kW}$

（2）$V_l = 200\,\mathrm{V}$, $I_l = 5.99\,\mathrm{A}$,

$P = 1.66\,\mathrm{kW}$

3（a）$Z_\Delta = 81\,\Omega$　（b）$Z_Y = 9\,\Omega$

4（1）$Z_\Delta = 24\,\Omega$　（2）$I_p = 3\,\mathrm{A}$

5（1）$Z_Y = 3\,\Omega$　（2）$V_p = 108\,\mathrm{V}$

ステップ　3

1（1）$V_p = 200\,\mathrm{V}$　（2）$I_p = 40\,\mathrm{A}$

（3）$I_l = 69.3\,\mathrm{A}$

2（1）$V_p = 92.4\,\mathrm{V}$　（2）$I_p = 32.7\,\mathrm{A}$

（3）$I_l = 32.7\,\mathrm{A}$

6.　各種の波形

6.1　非正弦波交流

ステップ　1

1（1）①　非正弦波　②　ひずみ波

（2）① 直流分　② 基本波
　　　③ 高調波

（3）① ひずみ率　② 波形率
　　　③ 波高率

2 波形率　1.11, 波高率　1.2

ステップ 2

1 最大値　173 V
　　平均値　86.2 V

2 （1）**解図6.1**参照。

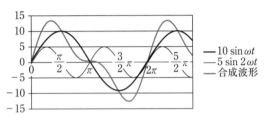

解図 6.1

（2）**解図6.2**参照。

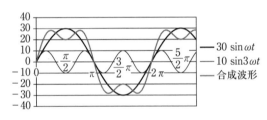

解図 6.2

3 （1）$V_h = 10.2$ V
　　（2）$V = 51.0$ V
　　（3）$k = 0.204$

6.2 過渡現象

ステップ 1

1 $\tau = 10$ s

2 微分回路は図（b）, 積分回路は図（c）

3 衝撃係数　0.6, 周期　5 ms,
　　周波数　200 Hz

7. 電気計測

7.1 測定の基本と測定量の取り扱い

ステップ 1

1 ① 間違い　② 系統誤差
　　③ 偶然誤差

ステップ 2

1 ① 0.2　② −0.5　③ 0.7
　　④ 1.35　⑤ −1.29　⑥ 1.23

2 19.4 ～ 20.6 A

7.2 電気計測の基礎

ステップ 1

1 （1）（a）,（ウ）　（2）（c）,（イ）
　　（3）（e）,（オ）　（4）（b）,（ア）
　　（5）（d）,（エ）

7.3 基礎量の測定

〔1〕 回路計（テスタ）による計測

ステップ 1

1 2.6 kΩ

ステップ 2

1 抵抗値 150 Ω, 交流電圧　170 V

〔2〕 オシロスコープによる波形観測

ステップ 1

1 $V_m = 10$ V, $V = 7.07$ V, $T = 0.8$ ms,
　　$f = 1.25$ kHz